漫话大数据

江 洪　易盼盼　著

武汉市科学技术协会——"江城科普读库"资助出版图书

科学出版社

北　京

版权所有，侵权必究

举报电话：010-64030229，010-64034315，13501151303

内 容 简 介

我们生活在充满"数据"的时代，但"大数据"并不神秘，也许你看不到它，也许你不在意它，它却始终在你身边，影响着你的生活。本书通过漫画的形式，以深入浅出、通俗易懂的对话方式，向公众宣传和介绍大数据技术领域的基础知识和研究成果，让广大公众特别是青少年系统地认识大数据技术，增加对大数据世界的好奇心，提升研究大数据的兴趣。全书共分为七个部分：从古老到未来的大数据、认识大数据技术的经典核心、大数据的采集与存储、从数据分析到数据挖掘、让你一眼看出数据发生了变化、改变人们的生活场景与思维方式、大数据时代的数据安全保护。

本书面向社会大众，特别是非从事科研工作的人员和广大青少年读者。

图书在版编目（CIP）数据

漫话大数据 / 江洪，易盼盼著. --北京：科学出版社，2025.6. --ISBN 978-7-03-082396-0

I. TP274-49

中国国家版本馆 CIP 数据核字第 2025L3N580 号

责任编辑：邵　娜	责任校对：高　嵘
责任印制：彭　超	封面设计：苏　波
装帧设计：苏　波	形象设计：易盼盼
正文绘制：易盼盼	插图绘制：张　飞

科学出版社 出版
北京东黄城根北街16号
邮政编码：100717
http://www.sciencep.com

武汉市首壹印务有限公司印刷
科学出版社发行　各地新华书店经销
*
开本：B5（720×1000）
2025年6月第 一 版　印张：10 1/2
2025年6月第一次印刷　字数：200 000
定价：58.00 元
（如有印装质量问题，我社负责调换）

前言

各位读者朋友,你们好!

党的二十大报告指出,要加快建设网络强国、数字中国。习近平总书记深刻指出,加快数字中国建设,就是要适应我国发展新的历史方位,全面贯彻新发展理念,以信息化培育新动能,用新动能推动新发展,以新发展创造新辉煌。

大数据技术发展日新月异,随着大数据技术和人类生产生活交汇融合,大数据技术对经济发展、社会治理、人民生活产生的影响越来越大,世界各国都把推进大数据技术研究,实现经济数字化,作为创新发展的重要力量,在大数据技术研究方面做了许多重要布局。2015 年,党的十八届五中全会首次提出"国家大数据战略";2022 年 12 月,我国发布《中共中央 国务院关于构建数据基础制度更好发挥数据要素作用的意见》,提出 20 条政策措施,加快构建数据基础制度;2023 年,国家数据局等 17 部门联合印发《"数据要素×"三年行动计划(2024—2026年)》,充分发挥数据要素的放大、叠加、倍增作用。在党中央的正确领导下,我国大数据技术得到快速提升和深度应用,数字经济新业态、新模式蓬勃发展,数据作为新的生产要素,正逐步成为价值创造的源泉,为经济发展带来新机遇。

数据伴随着漫长的人类文明发展史而发展,今天,以大数据为基础的智能时代正在来临,从传统到前卫,从颠覆到振兴,大数据正在引导整个社会全方位升级和变迁。大数据帮助传统工业向前发展，实现转型升级；大数据帮助科学家破解了农业和生物医疗领域困扰人类上千年的生存难题；大数据帮助城市管理者洞察一座城市的运转规律，解决各类城市管理的复杂问题；大数据帮助人们掌握自然运行的规律，提前预防灾害的发生；大数据甚至可以了解每一个人的喜好，帮人们找到自己喜欢的商品……大数据碰撞产生的智慧火花，让我们更加科学地认知自己和亲近未知世界，也成为改善人类生活，推动社会发展，实现人民美好生活的重要工具。

大数据不仅广泛应用于与人们日常生活息息相关的诸多领域，而且已经成为一种生产资料，成为一种稀有资产和新兴产业，任何一个行业和领域都会产生有价值的数据，而对这些数据进行统计、分析、挖掘和智能处理，则会创造出意想不到的价值和财富。善于获取数据、分析数据、运用数据，已经成为各行各业更好发展的大前提。理解大数据，用好大数据，积极拥抱大数据，对于当今社会基于大数据的智慧生活、智慧企业、智慧城市、智慧政府、智慧国家至关重要。科技创新、科学普及是实现创新发展的两翼，科技工作者以提高全民科学素质为己任，把普及科学知识、弘扬科学精神、传播科学思想、倡导科学生活作为义不容辞的责任。作为大数据领域的科学工作者，我们有责任向社会大众普及大数据的科学知识，提高对大数据技术的理解与认识，增强利用大数据推进各项工作的本领。

我们"漫话科技系列"图书的两位主人公：爱学习、爱思考的小武同学和来自中国科学院的学识渊博的科学家韩爷爷就进行了一场关于大数据知识与技术的深度讨论。作为各位读者的老朋友，"漫话科技系

前　言

列"图书已经出版了五部：《漫话科技最前沿》《漫话科技与生活》《漫话大科学基础设施》《漫话新能源》和《漫话新材料》，每一个话题都受到了广大读者朋友的喜爱，这回就给大家讲讲大数据的故事！本书的两位主人公用对话的形式，活泼而有趣地向广大读者介绍大数据技术领域的基础知识和研究成果，按照基本概念、数据库技术、数据采集与存储、数据分析与挖掘、数据可视化、数据应用、数据安全的脉络，对纷繁复杂的大数据技术知识进行了重点选择和科学组织，让读者从科学系统的角度充分认识大数据时代的发展历程和大数据技术的基本知识，轻松愉快地认识那些对我们生活产生重大影响的大数据。

好了，亲爱的读者朋友，请你做好准备，跟随小武和韩爷爷开启一段快乐的探索大数据知识与技术的旅程吧！

中国科学院武汉文献情报中心　江洪

2025年1月6日

目录

第一章 从古老到未来的大数据 / 1

1 什么是数据？/ 3
2 数据、信息与真实世界 / 4
3 数据的载体 / 5
4 计算机科学中的数据 / 6
5 数据的生命周期 / 7
6 数据历史有多久 / 8
7 出自中国的古老算经 / 9
8 最早的机械计算机 / 10
9 从"步进轮"到"分析机" / 11
10 电子计算机的诞生 / 12
11 电子计算机的发展之路 / 13
12 互联网的诞生 / 14
13 什么是大数据？/ 15
14 数据的计算单位 / 16

15　大数据到底有多大 / 17

16　大数据的特点 / 18

17　大数据的发展历程 / 19

18　国际社会对大数据发展的关注 / 20

19　中国对大数据发展的关注 / 21

20　数据产业的发展 / 22

第二章　认识大数据技术的经典核心 / 23

1　操作系统 / 25

2　编程语言 / 26

3　计算机高级语言的发展 / 27

4　什么是数据库？ / 28

5　数据库技术的内容 / 29

6　数据库技术的发展历程 / 30

7　数据库技术的基本概念 / 31

8　数据模型 / 32

9　数据结构 / 33

10　结构化数据 / 34

11　半结构化数据 / 35

12　非结构化数据 / 36

13　面向对象的设计方法 / 37

14 面向对象程序设计语言 / 38

15 数据库管理系统 / 39

16 大数据的计算模型 / 40

17 数据库结构 / 41

18 数据库语言 / 42

19 结构化查询语言 / 43

20 如何设计数据库 / 44

第三章 大数据的采集与存储 / 45

1 大数据的来源 / 47

2 大数据的采集技术类型 / 48

3 "硬感知"采集技术 / 49

4 "软感知"采集技术 / 50

5 物联网万物互联 / 51

6 数据存储技术的发展 / 52

7 硬盘的存储原理 / 53

8 硬盘的逻辑恢复方法 / 54

9 用光作为信息载体的光盘 / 55

10 没有盘结构的固态硬盘 / 56

11 服务器与服务器集群 / 57

12 感知数据存储 / 58

13　操作型数据仓储 / 59

14　云存储 / 60

15　云存储的特点 / 61

16　云存储的基本架构 / 62

17　云存储技术的发展基础 / 63

18　数据中心的发展历程 / 64

19　新一代云计算的数据中心 / 65

20　云存储技术的发展趋势 / 66

第四章　从数据分析到数据挖掘 / 67

1　数据分析的开创者 / 69

2　探索性数据分析 / 70

3　定量数据分析 / 71

4　定性数据分析 / 72

5　数据挖掘 / 73

6　数据挖掘的步骤 / 74

7　数据挖掘的基本分析方法 / 75

8　关联分析 / 76

9　分类分析 / 77

10　多维度的分类分析 / 78

11　聚类分析 / 79

12　聚类分析的主要特点 / 80

13　数学处理的灵魂——算法 / 81

14　决策树法 / 82

15　关联规则法 / 83

16　神经网络法 / 84

17　机器学习 / 85

18　大数据时代的算法 / 86

19　大数据的计算框架 / 87

20　大数据分析技术 / 88

第五章　让你一眼看出数据发生了变化 / 89

1　数据可视化 / 91

2　数据可视化的重要作用 / 92

3　起源古老的数据可视化 / 93

4　古老的托勒密地图投影 / 94

5　现代数据可视化鼻祖——威廉•普莱费尔 / 95

6　19世纪上半叶的"现代主义"网格 / 96

7　19世纪下半叶的"拿破仑东征图" / 97

8　"直观展示排名"的可视化典范 / 98

9　具象性的可视化表达 / 99

10　多维数据图形 / 100

11 信息可视化分析学的发展 / 101

12 数据可视化设计的四大原则 / 102

13 数据可视化的分类 / 103

14 科学可视化 / 104

15 信息可视化 / 105

16 可视分析 / 106

17 图形学、人机交互与可视分析 / 107

18 数据可视化工具 / 108

19 入门级的数据可视化工具——Excel 软件 / 109

20 理想的解决方案应当让生活更轻松 / 110

第六章 改变人们的生活场景与思维方式 / 111

1 大数据时代的大变革 / 113

2 准确的天气预报 / 114

3 精准农业得到发展 / 115

4 现代化的养猪场 / 116

5 机器给人看病 / 117

6 数字 3D 导航的高难度手术 / 118

7 传统工业焕发出新生命力 / 119

8 汽车设计的新利器 / 120

9 "萝卜快跑"跑出了未来 / 121

10 调控城市的交通出行 / 122

11 大数据打造智慧城市 / 123

12 改变商业生态的大数据 / 124

13 更便捷、更高效的快递物流 / 125

14 助力中国商品走向世界的大数据 / 126

15 大数据信用评估建立起信任的纽带 / 127

16 大数据助力优质教育均衡发展 / 128

17 科学研究和技术创新的第四范式 / 129

18 全体样本还是随机样本？ / 130

19 精确性还是混杂性？ / 131

20 更为重要的相关关系 / 132

第七章　大数据时代的数据安全保护 / 133

1 大数据时代的数据安全很重要 / 135

2 世界各国的数据安全相关法律 / 136

3 我国的数据安全相关法律 / 137

4 数据安全风险的类型 / 138

5 严重的数据泄露事件 / 139

6 我国数据安全的基础法律《中华人民共和国数据安全法》/ 140

7 《中华人民共和国数据安全法》规定的保护制度体系 / 141

8 《中华人民共和国数据安全法》规定的数据安全保护义务 / 142

9 《中华人民共和国数据安全法》规定的法律责任 / 143

10 《中华人民共和国个人信息保护法》的保护原则 / 144

11 禁止"大数据杀熟",规范自动化决策 / 145

12 严格保护敏感个人信息 / 146

13 数据安全技术体系 / 147

14 数据管理中的安全技术——数据溯源 / 148

15 数据管理中的安全技术——数字水印 / 149

16 数据管理中的安全技术——数据脱敏 / 150

17 数据管理中的安全技术——防止 DDoS 攻击 / 151

18 数据管理中的安全技术——防止木马病毒 / 152

19 如何处理自己的个人信息? / 153

20 保护与利用并重的大数据未来 / 154

第一章
从古老到未来的大数据

第一章　从古老到未来的大数据

① 什么是数据？

 韩爷爷，常听说大数据时代到来了，那数据是什么东西呀？

 《中国大百科全书》定义：数据就是对象的表示。即事实、概念或指令按照适合于通信、解释或处理（借助人或自动装置）的方式所形成的表示。

 简单地说，数据是对真实世界（包括对象、事件、概念等）的一种符号化描述，描述的方式包括文本、图像、声音、视频和数字等形式。

 这个概念好抽象！

 简单地说，数据是现实世界客观事物的符号记录。我们可以这样理解：数据是对事实或现实世界观察的结果，是对客观事物的逻辑归纳，是未经过任何加工的原始素材。数据本身是客观存在的，而且随着社会不断发展，数据的使用也越来越广泛。在我们的生活中常常会遇到以下几类数据：一是定位的，如各种坐标数据；二是定性的，如表示事实属性的数据。

 三是定量的，反映事实数量特征的数据，如长度、面积、体积等几何量或重量、速度等物理量；四是定时的，反映事实时间特性的数据，如年、月、日、时、分、秒等。

 这样看来数据真是包罗万象呀！

② 数据、信息与真实世界

数据和信息都是反映真实世界的吗？那它们之间有什么关系呢？

数据和信息是不可分离的。数据是反映真实世界原始事物现象的，是信息的载体。从信息科学的角度来说，数据中所包含的意义就是信息。也可以这样理解：信息是对数据的解释、运用与解算，是经过处理的数据。

人们用多种多样的形式记录下了某种可以识别的数据，但其中包含的信息内容不会改变。同时，数据可以记载在各种各样的物理介质上，而信息不随载体物理介质形式的改变而改变。也就是说，数据是原始事实，而信息是数据处理的结果。

那么数据等于真实世界吗？

数据虽然是对真实世界的简化描述，但是数据只能无限逼近真实世界，无法完全全地反映真实世界。例如，我们用数据来描述一个人，往往会用到姓名、性别、年龄、籍贯、身高、照片、性格等数据，通过这些数据可以反映这个人的主要特征，但并不是所有的特征。要完整地反映这个人，需要把这个人从出生到现在，所有经历的事情都记录下来，将这个人从头到脚所有的特征都进行描述，其难度可想而知。

因此，数据是对描述对象的简化模型。

确实是这样呀！

第一章 从古老到未来的大数据

③ 数据的载体

数据的载体是什么呢?

数据的载体是指在数据传播中携带数据的媒介,是数据赖以负载的物质基础,用于记录、传输、积累和保存信息。

数据应该包含符号和物理载体两个部分,也就是说,数据首先包括了文本、数字、图形、视频等形式的符号,其次,数据也包括了承载这些符号的物理载体,而现实世界中可以承载文本、数字、图形、视频等符号的载体是多种多样的。

我们在日常生活中会用各种各样的东西来记录数据。

是的。古时候,人们用石头、竹简等作为载体,比如岩石壁画,这种刻在岩壁上的图像,就是用岩石作为记录图像符号的载体;后来人们又发明了纸张,书又成为主要的数据载体,书上的文本或者图像等都可以作为数据,而记录这些数据的载体就是纸张;现在又出现了磁盘、光盘等数字化的载体,存储在数据库中的数据是一种可以被计算机程序处理的符号,其载体是磁盘等数字化设备。

基于现在的信息技术,数据的载体可以分为无形载体和有形载体。无形载体是运用声波、光波、电波等传递信息的载体;有形载体则是以实物形态记录信息的载体,如纸张、胶卷、磁带、磁盘等。

5

④ 计算机科学中的数据

数据与数学问题联系密切,是吗?

是的。数据最初就是作为数学计算的基础,后来又扩展为所收集的数值事实。数据不仅仅局限于数字,还包括具有一定意义的文字、字母、数字符号的组合,以及图形、图像、视频和音频等。

它们是客观事物属性、数量、位置及其相互关系的抽象表示。例如,以数字93为例,它可以代表不同的事物,如学生的成绩、体重或者某个群体的数量等,所以数据所代表的含义也是数据不可或缺的一部分。

随着计算机的发明和迅速发展,人类产生、获取和处理数据的能力得到极大的提升。于是,数据概念也有了新的演进,更加突出了数据便于计算机处理的特性。

计算机科学领域的数据有什么特点呢?

在计算机科学领域,数据的定义被引申为能输入计算机并被计算机程序处理的符号的介质的总称。这样的数据是形态多样的,可以是连续的,如声音和图像,这类数据被称为模拟数据;也可以是离散的,如符号和文字,这类数据被称为数字数据。同时,在计算机科学领域,数据以二进制形式存在,由0和1组成的信息单元来表示。

5 数据的生命周期

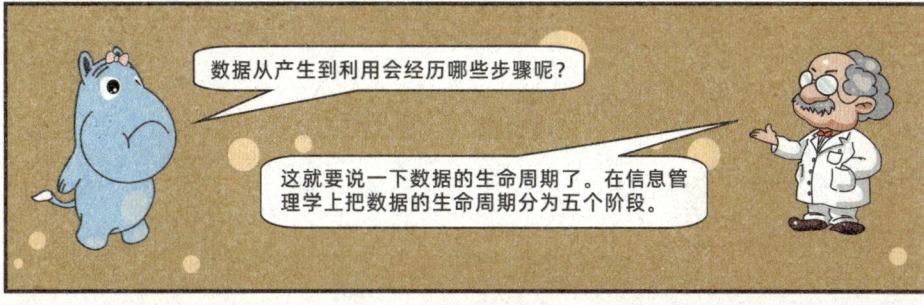

数据从产生到利用会经历哪些步骤呢?

这就要说一下数据的生命周期了。在信息管理学上把数据的生命周期分为五个阶段。

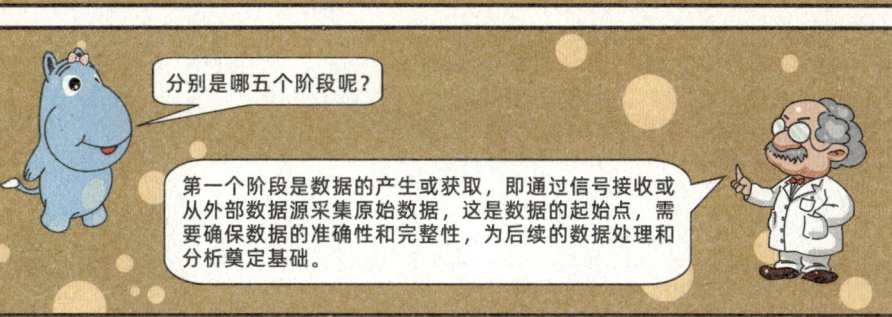

分别是哪五个阶段呢?

第一个阶段是数据的产生或获取,即通过信号接收或从外部数据源采集原始数据,这是数据的起始点,需要确保数据的准确性和完整性,为后续的数据处理和分析奠定基础。

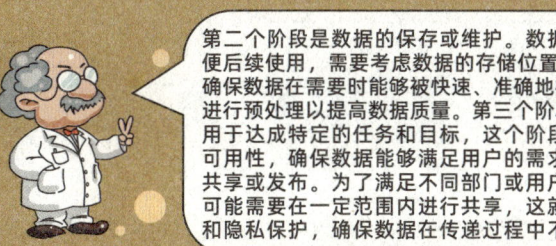

第二个阶段是数据的保存或维护。数据创建后需要妥善保存以便后续使用,需要考虑数据的存储位置、格式、安全性等因素,确保数据在需要时能够被快速、准确地检索到,同时也要对数据进行预处理以提高数据质量。第三个阶段是数据的使用,数据被用于达成特定的任务和目标,这个阶段需要关注数据的质量和可用性,确保数据能够满足用户的需求。第四个阶段是数据的共享或发布。为了满足不同部门或用户之间的协作需求,数据可能需要在一定范围内进行共享,这就需要关注数据的安全性和隐私保护,确保数据在传递过程中不会被泄露或滥用。

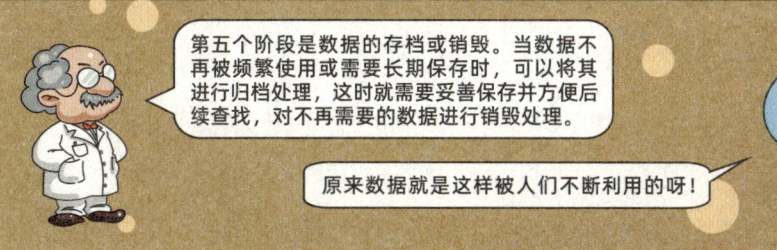

第五个阶段是数据的存档或销毁。当数据不再被频繁使用或需要长期保存时,可以将其进行归档处理,这时就需要妥善保存并方便后续查找,对不再需要的数据进行销毁处理。

原来数据就是这样被人们不断利用的呀!

6 数据历史有多久

数据可以记载多久的历史呢?

要问数据能记载多久的历史,那就要看看数据自身的历史有多久了。从骨头上的第一个标记到我们今天使用的先进数字系统,数据的演变是人类不断创造和进步的故事。

最早记载的数据有多久远呢?

数据记载的最早物证,是在南部非洲斯威士兰王国出土的一块刻有清晰字形刻痕的狒狒的腓骨。这一记载的年代大约是公元前35000年,它与纳米比亚现今仍在用于记载时间变迁的"旧历棒"类似。

而发现于乌干达与扎伊尔(现称刚果民主共和国)之间的爱德华湖边的"伊尚戈骨",年代大约是公元前20000年,它不单单是记账棒,用显微镜分析似乎有与月相相关的痕迹。

原来人类记载数据的历史有35000年了!

公元前3200年~公元前3000年,苏美尔人创造了世界上最古老的楔形文字。这种早期的书写形式用于记载重要信息,例如贸易交易、法律条文和故事等。大约公元前3200年,古埃及人开始使用象形文字,这是一种使用图像符号的书写系统。而数学始终贯穿于天文学、占星术和宇宙学之中,人类最早关于数学的记载来源于古巴比伦帝国(约公元前1894年~公元前1595年),文字记载显示巴比伦人使用的是60进制的数字体系,迄今为止我们仍用60进制计时。

第一章 从古老到未来的大数据

7 出自中国的古老算经

中国数据的历史是不是也很悠久呢?

《周易》中就有"上古结绳而治"的记载。商代(约公元前1600年~公元前1046年)的甲骨文记录了殷王朝占卜的事项,其中也出现了用来记数的字,并且发现了祖先们使用的数学工具"规""矩""准""绳"等。

后来中国人逐渐学会使用算筹等数学工具,学会了四则运算,运用这些知识丈量土地面积,交换粮食,制定历法,在这个过程中,数学知识不断积累,到了秦汉时期,开始出现数学方面的著作。

您能讲讲这些数学方面的著作吗?

中国流传至今的最古老的系统化数学著作有《周髀算经》《九章算术》等。《周髀算经》是大约公元前一世纪出现的一本纯数学教科书,《九章算术》是西汉时期的一部重要数学著作,这些重要著作对后世有着深远的影响。

"算"是一种竹制的计算工具,类似筷子,因此数学在中国古代被称为算术。中国人在长期使用算筹的基础上,进一步发明了计算工具——算盘。公元6世纪左右,中国出现过"数术"这一名词,当时指关于数的方法,包括数的记法、进位法则和计算法等。12世纪前后,由"数术"发展为"数学"这一名称。

9

8 最早的机械计算机

计算机的发明跟数学有关吗?

计算机的发明来自数学的发展。17世纪中叶,英国的艾萨克·牛顿和德国的戈特弗里德·威廉·莱布尼茨各自独立发明了微积分。

微积分是研究事物运动和变化的一门学科。从此,数学变成了研究数字、形状、运动、变化,以及空间的一门学问。莱布尼茨也提出了以2为基数的二进制,只用0和1来进行记数。这与我国《周易》记载的"易有太极,是生两仪,两仪生四象,四象生八卦",颇有渊源。

计算机是怎么发明出来的呢?

二进制的发现奠定了今天计算机科学的基础。1642年,19岁的法国数学家、物理学家布莱士·帕斯卡决心研制一种新的计算工具,他根据数的进位制(十进制)想到了采用齿轮来表示各个数位上的数字,通过齿轮的比来解决进位问题。

低位的齿轮每转动10圈,高位的齿轮就转动1圈。这样采用一组水平齿轮和一组垂直齿轮相互啮合转动,解决计算和自动进位问题,他又对外壳和齿轮用什么样的金属材料做了认真的选择,并造出了一台计算机。6年后,帕斯卡对自己发明的计算机提出了专利申请,并于1649年获得了专利权。当他发明的计算机在卢森堡宫展出时,成千上万的人前往一探究竟。

第一章　从古老到未来的大数据

从"步进轮"到"分析机"

计算机的发明是一个伟大的进步，那后来它又有哪些改进呢？

1672年，莱布尼茨尝试使用一个叫作"步进轮"的装置来改进帕斯卡的计算机，这个装置可以做乘法和除法的运算。

1819年，英国科学家查尔斯·巴贝奇设计了"差分机"，并于1822年制造出可动模型，这台机器能提高乘法速度和改进对数表等数字表的精确度，它把函数表的复杂算式转化为差分运算，用简单的加法代替平方运算。1834年，巴贝奇提出了一项新的更大胆的设计——一种通用的数学计算机，并称之为分析机。

分析机是什么东西呢？

巴贝奇设计的分析机通过预先规定的程序和穿孔卡片，能够自动解算约100个变量的复杂算题，每个数可达25位，速度可达每秒钟运算一次。但受技术限制，这个机器模型始终没有运转起来。

英国诗人乔治·戈登·拜伦的女儿阿达·洛芙莱斯（原名奥古斯塔·阿达·拜伦）为介绍巴贝奇分析机的论文做了英文翻译，并写了译文注解，这篇译文注解也非常重要，她认为分析机能够通过程序来存储、计算和操作任何可以使用符号表示的对象，不仅包括数字，还包括文学、逻辑和音乐等。

她真了不起！

11

⑩ 电子计算机的诞生

从"步进轮"到"分析机",计算机的发展真是神奇呀!

1890年,美国人口调查局的赫尔曼·霍尔瑞斯根据巴贝奇的设计,制造了一台制表机,用于计算人口普查数据,计算效率大幅提升。这些努力为电子计算机的发明奠定了基础。霍尔瑞斯后来的公司就是计算机巨头IBM(International Business Machines)公司的前身。

哦!那电子计算机又是怎样发明的呢?

20世纪40年代,对计算机科学产生深远影响的英国科学家阿兰·麦席森·图灵、美国科学家克劳德·艾尔伍德·香农和约翰·冯·诺依曼等人的理论创新,推动了电子计算机的诞生和快速发展。

您详细说说吧!

1936年,图灵的论文《论可计算数及其在判定问题上的应用》发表,他在论文里描述了一种"逻辑计算机器",从理论上来说,可以处理任何计算,后来被人们称为"图灵机"。1938年,香农完成了硕士论文《继电器与开关电路的符号分析》,这在理论上表明利用继电器电路执行二进制数学运算是可能的。

至此,电子数字计算机的实现路径日渐清晰,图灵机可以使用简单的二进制编码指令来解决数学和逻辑学的问题。1946年,在冯·诺依曼的指导下,经过约翰·莫奇利、约翰·埃克特等人的共同努力,世界上第一台电子数字积分式计算机ENIAC(electronic numerical integrator and computer)诞生了。

第一章 从古老到未来的大数据

11 电子计算机的发展之路

后来电子计算机又有哪些发展呢?

自从世界上第一台电子数字积分式计算机ENIAC诞生以后,电子计算机得到了快速发展,大概经历了四次更新换代。

分别是哪四次更新换代呢?

第一次是1946~1958年的电子管数字计算机时代,科学家使用真空管存储数据,使用机器语言和汇编语言进行计算,主要用于科学计算。第二次是1959~1964年的晶体管数字计算机时代,科学家使用晶体管代替真空管来制造电子数字计算机,软件上出现了操作系统和算法语言。

第三次是1965~1970年的集成电路数字计算机时代,晶体管又被集成电路所取代,体积缩小、运算速度加快,在集成电路计算机发展的同时,计算机也进入了产品系列化的发展时期。半导体存储器逐步取代了磁芯存储器的主存储器地位,磁盘成为不可缺少的辅助存储器,并且开始普遍采用虚拟存储技术。第四次是1971年之后的大规模集成电路计算机时代,大规模集成电路被广泛应用到电子计算机的制造中。

电子计算机的发展进步主要是受到电子技术、材料技术等各种技术进步的综合影响,由此,人类有了数据的新载体——硅基芯片和电子计算机。

电子计算机的诞生是人类发展史上的重要时刻呀!

12 互联网的诞生

互联网又是怎样发展起来的呢?

互联网的发展之路可以追溯到20世纪60年代,经历了从军事应用到商业化、从有线到无线、从个人应用到万物互联的转变。1948年,香农发表了论文《通信的数学理论》,成为现代信息论的开山之作,为信息通信的发展奠定了理论基础。

1969年,美国国防部高级研究计划署支持了阿帕网(advanced research projects agency network, ARPA Net)项目,目标是将不同的计算机连接起来,实现数据交换,主要用于军事研究领域的分布式计算和通信。该项目成功实现了美国西南部的加利福尼亚大学洛杉矶分校、斯坦福研究院、加利福尼亚大学圣巴巴拉分校和犹他大学的4台计算机远程连接和信息传输,这是人类信息通信史上的重要时刻。

这就是互联网的雏形吗?

不是现在的互联网。1973年,文顿·瑟夫和鲍勃·卡恩致力于解决不同网络相互连接的问题,启动了互联网(Internet)项目,制定了TCP/IP协议,从此数据可以自由通过互联网的网络通道以数据包的形式传输到网络里的其他计算机,但这个最早的互联方式,存在着大量可被任意攻破的安全隐患。

1989年,英国科学家蒂姆·伯纳斯·李发明了万维网(world wide web, WWW),使得用户可以通过链接在网页间跳转,极大地推动了互联网的普及和应用。

真是太神奇了!

第一章　从古老到未来的大数据

⑬ 什么是大数据？

什么是大数据呢？

大数据在不同领域有不同的定义。

比如：在信息管理学领域，大数据被定义为信息资源的一种新类型，是人类大规模应用信息技术行为（包括各领域各行业的信息化建设和人们日常应用）的产物；在统计学领域，大数据的定义是具有体量巨大、来源多样、生成极快且多变等特征，并且难以用传统数据体系结构有效处理的包含大量数据集的数据；在管理工程学领域，大数据又被定义为大小超出常规数据库软件工具，具有收集、存储、管理和分析能力的数据集。

而在数学领域，大数据的定义含有两层意思：一是指超出主流统计软件存储、处理分析范围的海量数据集合；二是指在可接受的时间范围内，对这些海量数据的处理过程。

原来不同的学科对大数据有不同的定义呀！那么我们如何比较简单地去理解大数据呢？

当听到"大数据"这个词时，我们自然而然会从字面上去理解——认为大数据就是大量的数据，大数据技术就是大量数据的存储技术。其实，大数据比想象中复杂，它不只是一项数据存储技术，而是一系列和海量数据相关的抽取、集成、管理、分析、解释技术，是一个庞大的框架系统，更是一种全新的思维方式。

14 数据的计算单位

大数据是怎么计算的呢?

要了解大数据的计算问题,我们首先来了解一下数据的计算单位。首先是比特(bit),就是计算机对数据存储和移动的最小单元,只有两个值,0和1。它的简写为小写字母"b"。作为信息技术的最基本存储单元,比特实在太小了,所以大家生活中可能接触不到。

还有其他的计算单位吗?

另外一个重要的计算单位是字节(byte),简写为大写字母"B"。

字节跟字符有关系,英文字符通常是1个字节,也就是1B。而中文字符因为字符集的问题通常会超过2个字节,所以亚洲国家用的字符会占到4个字节。以B(字节)为基础,还有KB(千字节)、MB(兆字节)、GB(吉字节)、TB(太字节)、PB(拍字节)、EB(艾字节)、ZB(泽字节)、YB(尧字节)等计算单位。

计算单位之间是怎么换算的呢?

计算单位之间的换算公式是1B=8b,1KB=1024B,1MB=1024KB,1GB=1024MB,1TB=1024GB,1PB=1024TB,1EB=1024PB,1ZB=1024EB等。

第一章 从古老到未来的大数据

15 大数据到底有多大

大数据第一个特点就是数据量大,那大数据到底有多大呢?

对于到底多大的数据量才可以称为大数据,其实没有一个明确的标准,它是一个相对的概念。一般认为在当时所处的硬件条件下,单机无法处理的数据量就可以称为大数据。

我们传统的个人电脑一般处理的数据是GB/TB级别。例如,硬盘的容量现在通常是1TB/2TB/4TB。而大数据应该是PB/EB级别的数据量。1TB硬盘的容量大约是20万张照片或20万首MP3音乐,或者是大约63万部《红楼梦》小说。而1PB的容量大约是2亿张照片或2亿首MP3音乐。

根据国际数据公司(International Data Corporation, IDC)发布的《数据时代2025》报告显示,2025年全球产生的数据大小约为175ZB,相当于每天产生491EB的数据。

175ZB的数据到底有多大呢?

如果把175ZB的数据全部存在数字通用光碟(digital versatile disc, DVD)中,那么DVD叠加起来的高度将是地球和月球距离的23倍(月球与地球之间的最近距离约为36.3万公里)。

天呐,实在太大了!

17

16 大数据的特点

大数据有什么特点呢?

大数据的几个特点通常用4个"V"来刻画。

那什么是大数据的4个"V"呢?

一是数据量(volume)大,这是大数据最典型的特征,我们前面讲过大数据有多大。

 二是类型(variety)多,数据的形式多种多样,包括数字(价格、交易数据、体重、人数等)、文本(邮件、网页等)、图像、音频、视频、位置信息(经纬度、海拔等)等,这对大数据的处理和利用提出了难题。三是变化(velocity)快,这是大数据时效性的特征。从数据的生成到被利用,时间间隔非常短,数据的处理速度越来越快。例如,从以前按天变化,到现在按秒甚至毫秒变化。大数据的整个流程都需要快速响应,秒级完成。

 四是质量(veracity)低,对于特定使用者来说,大数据中有价值的数据比例很小,存在很多噪声数据,需要利用各种数据挖掘技术找出有用的数据。例如,通过监控视频寻找犯罪分子的相貌,也许几万亿字节的视频文件中真正有价值的只有几秒钟。

原来是这样!

第一章 从古老到未来的大数据

17 大数据的发展历程

大数据的发展历程是怎么样的呢?

"大数据"这一术语在20世纪90年代开始被人们使用。大数据的概念形成过程可以分为三个阶段：20世纪90年代为"大数据"的萌芽时期。

这一阶段兴起的复杂性科学为大数据提供了理论基础。但这一阶段的"大数据"还只是直白地表示"大量的数据或数据集"这样的字面意思。

第二个阶段是什么时候呢？

20世纪末到21世纪初是大数据的发展时期。在这个时期，科学家不断丰富"大数据"的定义、内涵与特征。众多在国际上举足轻重的学术期刊如《自然》《科学》等都开设了大数据专刊，从多个专业学科的角度讨论了大数据的相关问题。

第三个阶段呢？

2011年以后是大数据发展的成熟时期。在这一时期，世界上的重要数据研究机构几乎都发表了关于大数据的研究报告。大数据成为世界经济论坛、联合国、经济合作与发展组织，以及各国政府关注的热点问题。

大数据发展得真快呀！

18 国际社会对大数据发展的关注

世界上主要发达国家是不是都关注了大数据的发展呢?

是的。2012年1月,瑞士达沃斯世界经济论坛发布了《大数据,大影响》的报告,提出数据已经成为一种新的经济资产类别。2012年5月,联合国发布了一份关于大数据政务的白皮书——《大数据促发展:挑战与机遇》,总结了各国政府如何利用大数据更好地服务和保护人民。

同一时期:美国政府发布了《大数据研究和发展倡议》和《大数据的研究和发展计划》,标志着大数据已经成为重要的时代特征;英国发布了《英国数据能力发展战略规划》;日本发布了《创建最尖端IT国家宣言》;韩国提出了"大数据中心战略";世界上其他一些国家也制定了相应的战略和规划。

大数据日益受到了全世界的广泛关注呀!

2011年以后,大数据研究与利用蓬勃发展,与此同时,隐私、安全与共享利用之间的矛盾日益凸显。

为此,2016年,欧盟制定了"史上最严格的"数据安全管理法规——《通用数据保护条例》(General Data Protection Regulation, GDPR);2020年,美国"最严厉、最全面的个人隐私保护法案"——《加利福尼亚消费者隐私法案》(California Consumer Privacy Act, CCPA)正式生效。随着应用领域的拓展、技术的提升、数据共享开放机制的完善,以及产业生态的成熟,大数据的更大潜在价值被挖掘和利用。

第一章　从古老到未来的大数据

⑲ 中国对大数据发展的关注

中国是不是也非常关注大数据的发展呢？

是的。2015年8月，国务院常务会议通过了《关于促进大数据发展的行动纲要》。

党的十八届五中全会公报提出要实施"国家大数据战略"，这是大数据第一次写入党的全会决议，标志着大数据战略正式上升为国家战略。2016年，《中华人民共和国国民经济和社会发展第十三个五年规划纲要》文件明确提出"实施国家大数据战略"。

在《中华人民共和国国民经济和社会发展第十四个五年规划和2035年远景目标纲要》文件中，大数据已经成为融入经济社会发展各领域的要素、资源、动力和观念，发挥的价值愈益明显。

还有什么重要的标志性工作吗？

2023年，根据中共中央、国务院印发的《党和国家机构改革方案》，中国正式成立了国家数据局，这是数字中国建设进程中又一具有里程碑意义的事件。国家数据局负责协调推进数据基础制度建设，统筹数据资源整合共享和开发利用，统筹推进数字中国、数字经济、数字社会规划和建设等。

20 数据产业的发展

听说这几年数据产业发展得很快,这是为什么呢?

数据产业的重要性主要体现在两个方面:一方面,数据已经成为与土地、劳动力、资本、技术并列的第五大生产要素。数据不仅自身具有巨大的经济价值,而且能够显著提高其他生产要素的配置效率,从而推动经济高质量发展。

另一方面,数据的价值在于应用,只有融入社会经济活动中,数据才能发挥其应有的作用。中国政府提出了"深入推进数字经济创新发展",而数据产业是培育数字经济、发展新质生产力的一个重要新兴产业,其主体涵盖了数据技术创新、资源开发利用、数据技术赋能应用、数据产品和服务流通交易,以及数据基础设施建设等多个环节。

您具体说说吧!

数据技术创新企业:专注于数据处理、分析、挖掘、可视化等数据技术的研发和创新。

资源开发和利用企业:致力于数据资源的挖掘、整合和利用,将数据转化为有价值的资产。数据技术赋能应用企业:利用数据技术为各行各业提供赋能服务。数据产品和服务流通交易企业:负责数据产品和服务的市场化运作,包括数据交易平台的建设和运营。数据基础设施建设企业:专注于数据基础设施的建设和运营,如数据中心、云计算平台等。

第二章 认识大数据技术的经典核心

第二章　认识大数据技术的经典核心

1 操作系统

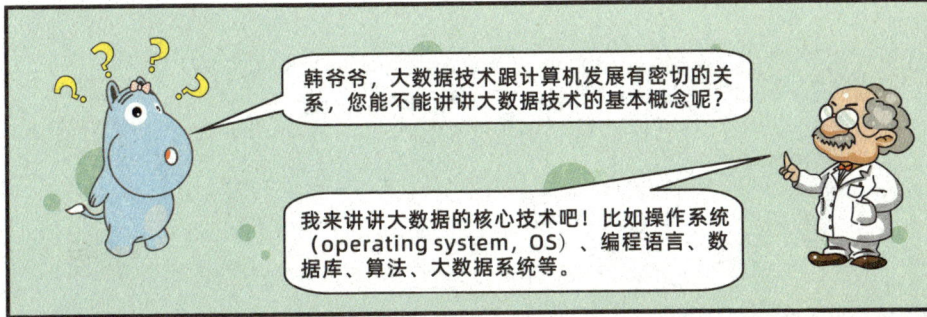

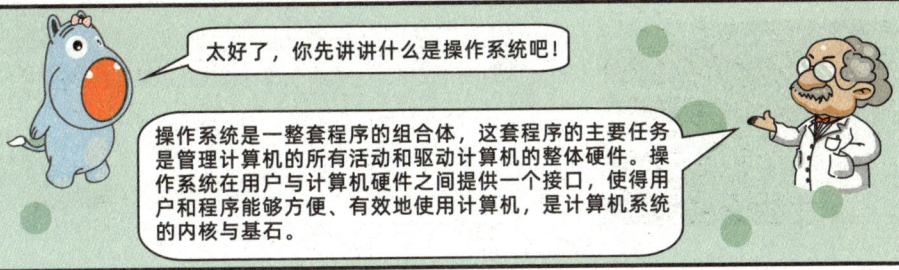

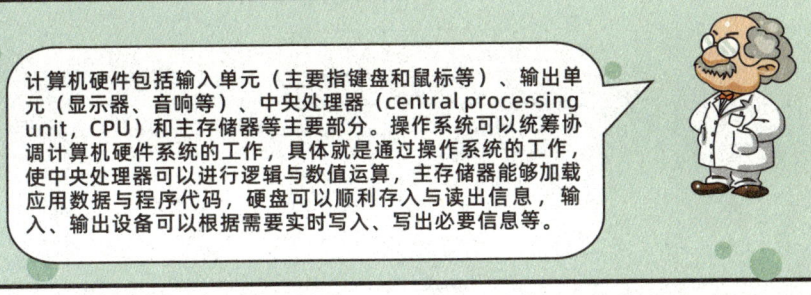

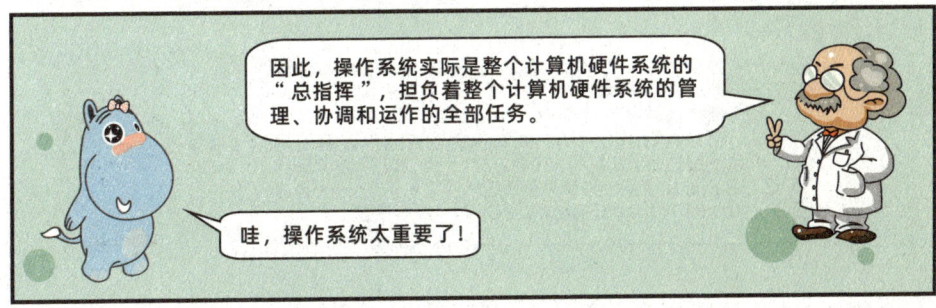

② 编程语言

您讲讲什么是编程语言吧?

语言是人类进行沟通交流的表达方式,是人与人交流的一种工具,更是文化的重要载体。

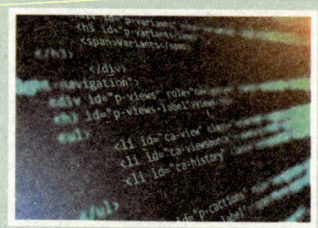

然而,编程语言则是为了实现人与计算机之间的交流而设计的语言,可以简单地理解为一种计算机和人都能识别的语言。它可以让程序员能够准确地定义计算机所需要使用的数据,并精确地定义在不同情况下所应当采取的行动。

编程语言是怎么样发展起来的呢?

20世纪40年代,计算机各项控制主要是由人工操作来实现的,计算机操作非常复杂,于是就有科学家提出利用编程语言来控制计算机的构想,并将操作指令汇编在一起,这些指令的集合就是该计算机的机器语言。

因为计算机只能识别和接受由0和1组成的指令,这些被称为"天书"的机器语言难学、难写、难记、难检查、难修改,只有极少数的计算机专业人员会编写。后来科学家想到用助记符来代替0和1代码,解决机器语言难以理解的问题,于是汇编语言出现了。20世纪50年代,美国科学家约翰·巴克斯创造出了第一种计算机高级程序设计语言——公式翻译(formula translation,FORTRAN)语言。

第二章 认识大数据技术的经典核心

3 计算机高级语言的发展

计算机高级语言更先进了，您再讲讲吧？

FORTRAN语言很接近人们习惯使用的自然语言和数学语言。程序中所用的运算符和运算表达式很容易理解，使用也十分方便，在科学和工程计算领域发挥着重要作用。

后来呢？

20世纪50年代，第一种结构化程序设计语言——ALGOL语言诞生了，20世纪60年代末，科学家基于ALGOL语言设计并创立的Pascal语言，因其具有语法严谨、层次分明等特点，被称为"编程语言里一个重要的里程碑"。

1964年，BASIC语言正式发布，因其只有26个变量名，17条语句，12个函数和3个命令，而被称为"初学者通用符号指令代码"。

计算机高级语言有很重要的意义吗？

计算机高级语言的出现使得计算机操控已经不再需要大量的资本和人工。到20世纪90年代，计算机编程领域高速发展，逐渐诞生了一些面向对象的高级语言，如Java语言等，这些语言使得计算机程序逐渐从原来的通信和计算向着视频解析、图像传输、智能模拟以及知识处理等方向发展，逐步可以支持各行各业实现智能操作。

4 什么是数据库?

常听人们说数据库,那数据库是什么东西呀?

顾名思义,数据库就是存放数据的仓库。我们收集到的大量数据,不能杂乱无章地随意堆在一起,需要用一定的形式进行管理,于是就建立了一个长期存储在计算机内的、有组织的、可共享的、统一管理的大量数据的集合,这就产生了数据库,也是大数据技术的最初起源和最核心的技术。

您能说得简单一点吗?

简单地说,数据库是以一定的结构化方式组织、存储和管理数据的集合,也可以说是一个按数据结构来存储和管理数据的计算机软件系统。

数据库的概念包括两个方面的含义:一方面,数据库是一个实体,它是能够合理保管数据的"仓库",用户在该"仓库"中存放要管理的事务数据,"数据"和"库"两个概念结合成为数据库。另一方面,数据库是数据管理的一种方法和技术,它能更科学地组织数据、更方便地维护数据、更严密地控制数据和更有效地利用数据。

数据库通常具有各种功能,如事务管理、备份和恢复、权限管理等,以支持各种应用场景和业务需求。同时,数据库还需要一些技术手段,来帮助提高和完善数据的完整性、安全性和可靠性,以确保数据的正常利用。

第二章　认识大数据技术的经典核心

❺ 数据库技术的内容

什么是数据库技术呢？

数据库技术是通过研究数据库的结构、存储、设计、管理以及应用的基本理论和实现方法，并利用这些理论来实现对数据库中的数据进行处理、分析和理解的技术，即数据库技术是研究、管理和应用数据库的一门软件科学。

数据库技术的主要内容是什么呢？

数据库技术研究和管理的对象是数据，所以数据库技术所涉及的具体内容主要包括：通过对数据的统一组织和管理，按照指定的结构建立相应的数据库和数据仓库（data warehouse, DW）。

利用数据库管理系统和数据挖掘系统设计出能够实现对数据库中的数据进行添加、修改、删除、处理、分析、理解、生成报表和打印等多种功能的数据管理和数据挖掘的应用系统，并利用应用管理系统最终实现对数据的处理、分析和理解。

数据库技术很重要吗？

数据库技术是现代信息科学与技术的重要组成部分，是计算机数据处理与信息管理系统的核心。数据库技术研究和解决了计算机信息处理过程中大量数据有效地组织和存储的问题，在数据库系统中减少数据存储冗余、实现数据共享、保障数据安全以及高效地检索数据和处理数据。

6 数据库技术的发展历程

数据库技术是怎么样发展起来的呢？

数据库技术的发展经历了三个阶段：人工管理、文件系统管理、数据库系统。

您能详细讲讲吗？

第一个阶段是人工管理：早期的数据处理都是通过人工管理进行的，因为当时的计算机主要用于科学计算。这一阶段数据和程序是一一对应的，而且数据不需要长期保存，只需要计算出结果。第二个阶段是文件系统管理：随着容量比较大的磁盘等辅助存储设备的出现，专门管理辅助设备上的数据的文件系统应运而生，它是操作系统中的一个子系统，按照一定的规则将数据组织成为一个文件，应用程序通过文件系统对文件中的数据进行存取和加工。

第三个阶段是数据库系统：这个阶段出现了数据库管理系统，这是由计算机软件、硬件资源组成的系统，实现了有组织地、动态地存储大量相关的结构化数据。

数据库系统与文件系统的重要区别在于数据的充分共享、交叉访问、与应用程序之间具有高度的物理独立性和逻辑独立性。

原来数据库技术是这样发展起来的呀！

第二章 认识大数据技术的经典核心

1 数据库技术的基本概念

数据库技术听起来比较深奥,其中比较基本的概念有哪些呢?

常用的数据库软件都具有管理、查询、更新、删除数据的功能,可以通过编写结构化查询语言(structured query language,SQL)语句来操作数据库中的记录。而其中比较基本的概念包括数据、表格、字段、记录和主键等。

您能详细说说吗?

第一是数据,这里的数据是指可以被计算机处理和存储的信息,可以是数字、字符、图像、音频等各种类型的信息。

第二是表格,表格是数据库中存储数据的基本单元,也被称为数据表或数据集合。表格由行和列组成,表格中的每个单元格包含一个值,该值对应于表格中的一个字段和一条记录。第三是字段,字段是表格中的列,每个字段都包含相同类型的数据。字段可以是数字、字符、日期、时间、布尔值等各种类型。每个字段都有一个名称,用于标识该字段在表格中的位置。第四是记录,记录是表格中的行,每个记录包含一组字段值。记录的数量从零到多个。

第五是主键,主键是一条记录的唯一标识符,用于区分表格中不同的记录。主键是字段的组合,主键的值不能重复,是数据库中唯一的一个记录标识符。

原来是这样呀!

31

数据模型

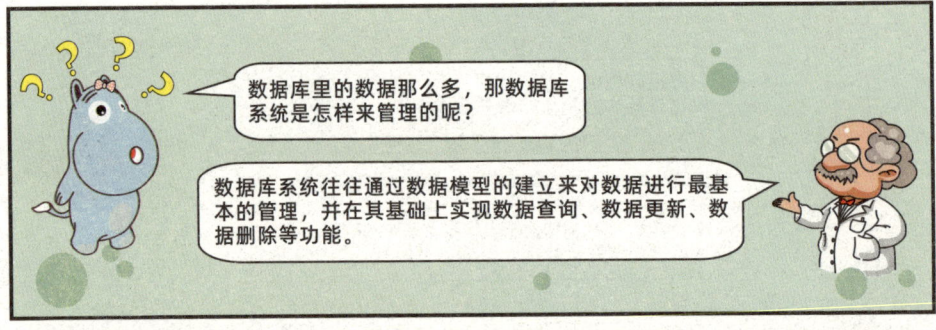

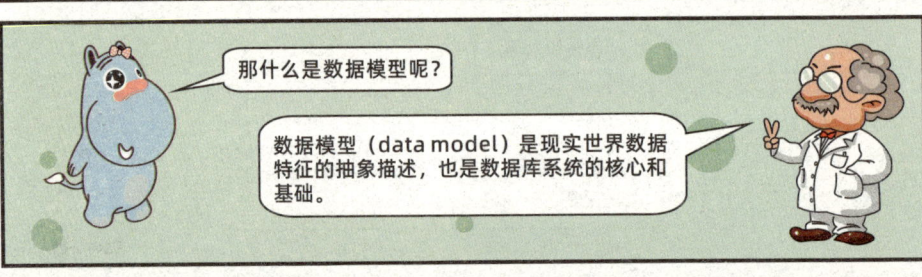

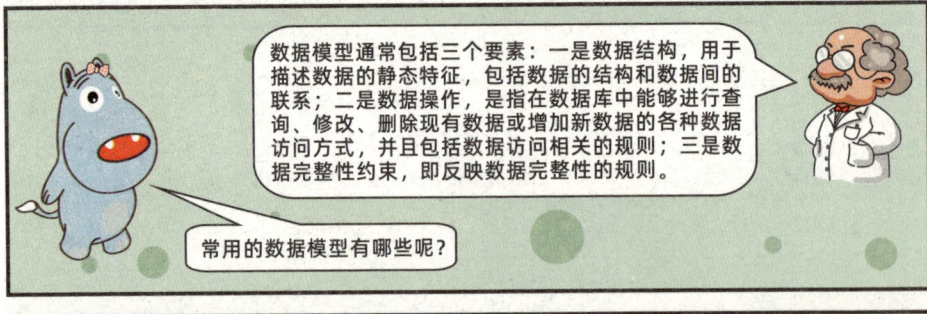

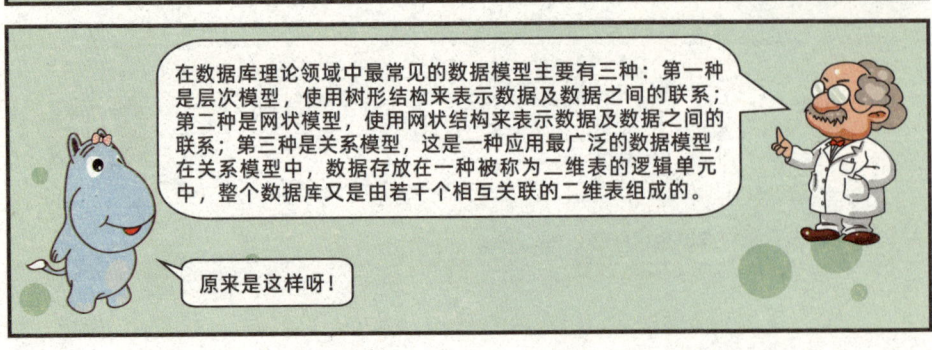

9 数据结构

数据模型中有一个很重要的概念是数据结构，那什么是数据结构呢？

数据结构（data structure）是带有结构特性的数据元素的集合，它研究的是数据的逻辑结构和数据的物理结构，以及它们之间的相互关系，并为这种结构定义进行相适应的运算而设计出相应的算法。它需要确保经过这些运算以后所得到的新结构仍保持原来的结构类型。

听起来有点复杂！

简而言之，数据结构是相互之间存在多种特定关系的数据元素的集合，即带"结构"的数据元素的集合。

这里的"结构"是什么呢？

"结构"是指数据元素之间存在的关系，分为逻辑结构和存储结构。数据的逻辑结构和存储结构是数据结构的两个密切相关的方面，同一逻辑结构可以对应不同的存储结构。

算法的设计取决于数据的逻辑结构，而算法的实现依赖于指定的存储结构。数据结构的研究内容是构造复杂软件系统的基础，其核心技术是分解与抽象。根据数据结构类型，我们可以将数据分为结构化数据（structured data）、半结构化数据（semi-structured data）和非结构化数据（unstructured data）。

⑩ 结构化数据

前面提到了各种数据类型,那么什么是结构化数据呢?

结构化数据是指以明确的格式和规则存储的数据,可以通过表格、数据库或其他可编程的数据模型进行存储和管理。

结构化数据具有明确的字段和属性,每个字段都有特定的数据类型和取值范围。这种类型的数据易于组织、存储和分析,可以通过各种算法和工具进行有效的处理和挖掘。

那结构化数据有什么特点呢?

首先,结构化数据具有明确的格式和组织方式,这种明确的结构使得数据的存储和处理更加方便和高效。其次,结构化数据具有良好的可读性和可解释性,人们可以轻松地理解和解释数据的含义。这使得结构化数据在数据分析和决策制定中起着重要的作用。第三,结构化数据具有高度的一致性和准确性,使得数据可以在不同的系统和应用中共享和交换,并且可以减少数据的错误和冗余。第四,结构化数据具有较高的可操作性和可扩展性,方便进行各种操作,如查询、排序、过滤等。

此外,结构化数据的结构和组织方式也使得数据的扩展和更新更加容易。总之,结构化数据的特点使其成为各行各业中被广泛应用的数据类型。

结构化数据有很好的应用前景呀!

第二章　认识大数据技术的经典核心

11　半结构化数据

除了结构化数据，还有半结构化数据和非结构化数据，您能讲讲吗？

半结构化数据是介于结构化数据和非结构化数据之间的数据。它是结构化的数据，但是结构变化很大，结构模式附着或相融于数据本身，数据自身就描述了其相应结构模式。

因为我们要了解数据的细节，所以不能将数据简单地组织成一个文件，或者简单地建立一个表与它对应。

半结构化数据有什么特点呢？

半结构化数据有以下特点：一是数据结构自描述性，结构与数据相交融，在研究和应用中不需要区分"元数据"和"一般数据"，因为两者合二为一；二是数据结构描述的复杂性，结构难以纳入现有的各种描述框架，实际应用中不易进行清晰的理解与把握。

三是数据结构描述的动态性，数据变化通常会致使结构模式发生变化，整体上具有动态的结构模式。半结构化数据的构成更为复杂和不确定，但同时也具有更高的灵活性，能够适应更为广泛的应用需求。

12 非结构化数据

非结构化数据是什么呢?

非结构化数据是指数据结构不固定,不能用二维逻辑表来表述、无法用关系数据库来直接存储和表现的数据。

非结构化数据最早出现在数据库信息的存储和优化领域,随着网络搜索和挖掘技术的发展,非结构化数据广泛存在于我们日常接触的信息中,如网络上的文字、文本、图像、表格、音频、视频等。

从更广义的角度来看,凡是形式上高维、海量、异构与动态,内容上不完整、不确定、无序和有歧义,表达上难以用有限的规则刻画、解析,应用上对信息利用主体的感知和理解具有依赖性,这样的数据(或信息)都属于非结构化数据(或信息)的范畴。

与结构化数据相比,非结构化数据有什么特点呢?

一是数据来源和格式多样化;二是数据存储方式不统一;三是数据量大、产生速度快,且常常存在于异构系统中,信息集成和整合难度大;四是数据难以进行标准化,不能以统一的格式录入和展现在数据库中,在处理时常常需要更加智能的信息技术。

非结构化数据这么复杂呀!

13 面向对象的设计方法

您说到有一种更为复杂的数据库,就是面向对象的数据库,您能详细讲讲吗?

面向对象设计是一种设计方法,通常是在对象分析的基础上,针对具体的系统平台,运用面向对象的概念进行系统设计,建立一个可以在该平台上实现的面向对象的模型。

面向对象设计的目标是生成对现实世界问题域的表示,并将其映射到解域,以面向对象分析中产生的逻辑模型为任务,在一定的语言与系统平台上,精细化地分析逻辑模型中的类、附加类,以及系统实现有关的因素,最终设计出符合现实并可以互动交流和扩展的模型。

这是什么意思呢?

简单地说,面向对象设计是在一个数据平台上建立与现实世界数据相对应的全方位描述模型。其中包含六个设计理念:一是模块化,将设计对象的事物属性和操作过程进行模块化定义。二是抽象化,将数据和运行过程同时进行抽象化。

三是信息隐蔽,外界只有通过对象的接口才能访问其属性,从而实现对外的信息隐蔽。四是弱合性,不同模块之间相互关联的程度弱合,有利于降低由于一个模块的改变而对其他模块造成的影响。五是强内聚,一个模块内各个元素彼此结合的紧密程度越高,越有利于提高系统的独立性。六是重用性,设计时需要充分考虑类的重复使用。

14 面向对象程序设计语言

面向对象的设计方法有这么多好处，那怎样实现面向对象的设计呢？

面向对象的设计就是采用面向对象程序设计语言（object-oriented programming language，OOPL），完成对类及对象中各属性的说明，实现各服务的代码，以及对其他有关内容进行编码，生成面向对象的源程序，产生计算机可执行模型。

那什么是面向对象程序设计语言呢？

面向对象程序设计语言是一类以对象作为基本程序结构单位的程序设计语言。面向对象程序设计语言刻画客观系统较为自然，便于软件扩充与复用。

面向对象程序设计语言一般具有四个主要特点：一是识别性，系统中的基本构件可识别为一组可识别的离散对象；二是类别性，系统中具有相同数据结构与行为的所有对象可归为一类；三是多态性，对象具有一个静态类型和多个可能的动态类型；四是继承性，在基本层次关系的不同类中共享数据和操作。

20世纪70年代，Smalltalk语言开始出现，它是早期有影响的面向对象的程序设计语言之一。20世纪80年代中期以后，面向对象程序设计语言广泛地应用于程序设计中，并且有许多新的发展。常用的面向对象的程序设计语言有Java、C++、C#、Python、PHP、JavaScript、Ruby、Perl、Object Pascal、Objective-C、Dart、Swift、Scala和Common Lisp等。

哦！原来如此！

15 数据库管理系统

什么是数据库管理系统呢?

数据库管理系统(database management system,DBMS)是指管理数据库的软件系统,它提供了对数据库的管理、维护和查询等功能,可以帮助用户有效地存储和管理数据,并且提供了数据访问、事务处理、查询优化等方面的功能,还支持多用户并发访问,可以防止数据的冲突和不一致。

常见的数据库管理系统包括MySQL、Oracle、SQL Server、PostgreSQL等。每种数据库管理系统都有其优缺点,用户可以根据自己的需求和预算来选择合适的数据库管理系统。

数据库管理系统有哪些类型呢?

数据库管理系统可以分为关系数据库管理系统和非关系数据库管理系统两类。关系数据库管理系统采用表格(关系)来存储数据,表格由列和行组成,每列代表一个属性,每行代表一个实体,具有数据结构清晰、数据一致性强、易于管理和查询等优点,因此被广泛地应用于各种企业和网站。

非关系数据库管理系统采用键-值、文档、列族等数据结构来存储数据,具有高可扩展性、高性能、灵活的数据模型等优点,因此在大数据、云计算、物联网等领域得到了广泛的应用。常见的非关系数据库管理系统包括MongoDB、Cassandra、Redis等。

16 大数据的计算模型

大数据的计算模型有哪些呢？

大数据的计算模型帮助我们实现抽象的数学计算过程。

大数据的计算模型主要有四种：一是批处理计算模式，这是最早出现的大数据计算模式之一，主要针对大规模数据集进行分析和计算，适用于对大量数据进行定期的分析和处理，如数据挖掘、预测分析等。二是流处理计算模式，主要是对实时数据流处进行理。在这种模式下，数据是持续不断地产生并传输到计算节点，系统需要实时地对每条数据进行处理，适用于需要实时响应的场景，如实时交易分析、物联网数据处理等。

还有另外两种呢？

三是交互式计算模式，主要关注对用户查询的实时响应。

在这种模式下，用户可以通过查询接口对大规模数据进行实时查询和分析，系统需要快速响应用户的查询请求并返回结果，适用于需要快速获取数据分析结果的场景，如数据挖掘、在线分析等，系统需要具备高效的数据检索和查询处理能力。四是图计算模式，主要用于处理复杂的图结构数据。在这种模式下，数据以图的形式进行存储和处理，通过图算法对大规模图数据进行计算和分析，适用于社交网络分析、推荐系统等领域，系统需具备高效的图数据处理能力和算法优化能力。

17 数据库结构

什么是数据库结构呢?

数据库结构与数据结构相关,指的是数据在数据库中的组织形式和存储方式,根据数据结构的不同,可以建立不同结构的数据库。

数据库结构与数据结构相对应吗?

是的。根据数据结构,数据库可以分为层次数据库、网状数据库、关系数据库和更为复杂的面向对象数据库。

您详细讲讲吧!

层次数据库是最早的数据库类型之一,它的数据结构类似于一棵树形结构,数据之间存在一对多的层次关系。每个节点可以包含多个子节点,但只能有一个父节点。层次数据库常用于管理复杂的工程和科学数据。网状数据库是在层次数据库的基础上发展起来的一种数据库类型。它的数据结构类似于一个网状结构,数据之间存在多对多的关系。

每个记录可以有多个父记录和多个子记录。网状数据库常用于处理复杂的关联数据。关系数据库是应用广泛的一种数据库类型,它的数据结构是由多个表格组成,表格之间可以建立关系。关系数据库可以使用结构化查询语句进行查询、更新、删除等操作,支持事务处理和索引等高级功能。另外,还有一种更为复杂的面向对象数据库,它常用于存储复杂的对象数据和多媒体数据。

18 数据库语言

什么是数据库语言?

简单地说,数据库语言(database language)是数据库管理系统能"看懂"的语言,这种语言的目的是为了方便用户和应用程序与数据库进行交互,实现对数据的存储、检索、更新和管理。

数据库语言包括过程性语言和非过程性语言两大类。以关系代数为基础设计的数据库语言,是一种过程性语言,即用户不但要说明需要什么数据,还要说明获取这些数据的过程。而非过程性语言只用说明需要什么数据,如何获得这些数据不必用语言来描述,而是由数据库管理系统来实现,因此非过程性语言更简便易用。

哪种数据库语言用得比较广泛呢?

应用最广泛的非过程性语言是结构化查询语言,它的前身是20世纪70年代IBM公司研制的关系数据库原型系统上的查询语言。

由于它功能丰富、语言简洁,备受用户及计算机工业界欢迎,被众多计算机公司和软件公司所采用,经过各公司的不断修改、扩充和完善,1987年,结构化查询语言被国际标准化组织(International Organization for Standardization, ISO)通过成为国际标准,并最终发展成为关系数据库的标准语言。

⑲ 结构化查询语言

您再详细讲讲结构化查询语言吧!

现在作为国际标准采用的数据库语言是结构化查询语言(SQL),是一种特殊目的的编程语言,是一种数据库查询和程序设计语言,用于存取数据以及查询、更新和管理关系数据库系统,同时也是数据库脚本文件的扩展名。

SQL有哪些内容呢?

按照功能可以将SQL分为四个部分:一是数据定义语言(data definition language, DDL),用于定义、撤销和修改关系模式;二是数据查询语言(data query language, DQL),用于查询数据;三是数据操纵语言(data manipulation language, DML),用于增、删、改数据;四是数据控制语言(data control language, DCL),用于数据访问权限的控制。

SQL有什么优点呢?

SQL集数据定义、数据操纵、数据查询和数据控制功能于一体,是面向集合和非过程的语言,而且既是自含式语言,又是嵌入式语言,所以不仅可以独立使用,还可以嵌入宿主语言中。

SQL高度非过程化,用户只需指出要做什么,无须指定如何做,系统便会自动处理,而且使用起来类似自然语言,简洁易用。

原来是这样!

20 如何设计数据库

用数据库语言就可以设计出好的数据库了吧!

数据库的设计是指将现实世界中的业务逻辑转化为数据库中的数据结构和数据关系的过程。数据库的设计需要考虑数据的完整性、一致性、准确性和易用性等方面的问题,以确保数据库能够满足业务需求并且易于维护和扩展。

还要考虑这么多因素呀,那数据库设计有哪些步骤呢?

数据库的设计一般包括五个步骤。第一步是需求分析:确定数据库的功能和业务需求,包括数据的来源、数据的类型、数据的数量、数据的访问方式等。

第二步是数据建模:数据建模是数据库设计的核心部分,它需要将需求分析阶段得到的业务需求转化为数据库的数据结构和数据关系,并最终转化为数据库的实际结构,包括数据库表格的设计、字段的定义、数据类型的选择、主键和外键的定义等。第三步是数据库实现:将数据库设计转化为实际的数据库系统的过程,包括数据库软件的安装、数据库表格的创建、数据的导入和检验等。

第四步是数据库测试:对数据库系统进行功能和性能测试,包括测试数据库的数据访问、事务处理、查询优化、负载测试、安全测试等方面的功能。第五步是数据库维护:定期进行数据库备份、优化、更新等工作,以确保数据库的稳定性和可靠性。

原来是这样!

第三章 大数据的采集与存储

第三章 大数据的采集与存储

大数据的来源

韩爷爷，我们经常说大数据的数量大，这些大数据是从哪里来的呢？

大数据来自现实世界的各种各样的信息，现在数量庞大的信息被输入或记录到计算机信息系统中，成为我们可以用计算机处理的数据。

大数据的来源主要包括什么呢？

大数据的来源主要包括六大类：一是人为数据，这些数据大多数为非结构化数据，包括电子邮件、文档、图片、音频、视频等，还有通过微信、微博、抖音等社交媒体产生的数据流。

二是机器和传感器数据，包括来自感应器、量表和其他设施的数据，定位系统的位置数据等，一些功能设备如智能温度控制器、智能电表、工厂机器等也会创建或生成数据；三是互联网收集数据，比如大多数人都会使用互联网搜索或传递信息，这也是大数据产生的重要方式；四是科学实验数据，比如中国天眼大型天文望远镜等科学装置获取的实验探测数据；五是公共管理数据，比如人口分布、交通流量、环境质量等数据；六是商业数据，比如企业内部系统数据等。

这些数据来源广泛且复杂，构成了大数据的基础。

这么多种类的数据真是数量庞大呀！

② 大数据的采集技术类型

大数据的数据量这么大,肯定不能靠人工输入,该怎么采集呢?

大数据确实不是靠人工输入的。数据采集又称数据获取,是利用各种装置从计算机系统外部采集数据,并输入到计算机系统内部的一个接口。

大数据时代的数据采集已经被广泛应用于人工智能等相关领域,如摄像头、麦克风等,都是数据采集的工具。数据采集系统整合了信号、传感器等数据采集设备和应用软件。所采集的数据类型也复杂多样,包括结构化数据、半结构化数据、非结构化数据。大数据采集是大数据分析的入口,是相当重要的一个环节。

大数据采集确实很重要,那么大数据采集技术有哪些呢?

面向不同的场景,大数据采集技术可以分为"硬感知"采集技术和"软感知"采集技术两个方面。"硬感知"采集技术主要利用设备或装置进行数据的收集,收集对象为物理世界中的物理实体,或者是以物理实体为载体的信息、事件、流程等。

而"软感知"采集技术是使用软件或者各种技术进行数据收集,收集的对象存在于数字世界,通常不依赖物理设备进行收集。"硬感知"采集技术是将物理对象构建到数字世界中的主要通道,是构建数字孪生的关键技术;"软感知"采集技术是感知和利用已经存在于数字世界中的那些分散、异构信息的技术。

"硬感知"采集技术

您再详细讲讲,哪些采集技术属于"硬感知"采集技术呢?

按技术特点和应用场景可以将"硬感知"采集技术分为以下几大类:一是条形码或者二维码,条形码是将宽度不等的多个黑条和空白,按一定的编码规则排列,而二维码是用某种特定的几何图形按一定规律在平面上分布黑白相间的图形,用来记录数据符号信息。

二是磁卡,是一种卡片状的磁性记录介质,利用磁性载体记录字符与数字信息,比如我们常用的银行卡等。

这种是我们常见的呀!

三是无线射频识别(radio frequency identification,RFID)或近场通信(near field communication,NFC),它们是非接触式的自动识别技术,通过无线射频方式进行非接触双向数据通信,进行数据的读写;四是光学字符识别(optical character recognition,OCR)和智能字符识别(intelligent character recognition,ICR),是指电子设备(如扫描仪或者数码相机)通过计算机软件识别印刷或手写文本,将其形状翻译成计算机文字的技术。

还有其他的采集技术吗?

例如:图像数据采集技术,是指利用计算机自动识别不同模式的目标和对象的图像采集技术;自动语音识别技术,是指将人类语音中的词汇内容转换为计算机可读数据的采集技术;此外,还有视频数据采集技术、传感器数据采集技术、工业设备数据采集技术等。

④ "软感知"采集技术

哪些是"软感知"采集技术呢?

已经存在于数字世界中的那些分散、异构信息,可通过"软感知"能力来利用,也可以称为数字渠道的采集技术,它通过软件对数字世界的数据进行收集。

例如,捕捉用户在网页上的浏览过程、停留时间、操作流程等,自动生成用户画像和行为画像,更好地理解和优化客户行为等。目前常用的主要有两种采集方法。

分别是哪两种采集方法呢?

第一种是系统日志采集方法,许多互联网企业都有自己的海量数据采集工具,用于实时收集服务器、应用程序、网络设备等生成的日志记录,如Hadoop平台的Chukwa、Cloudera公司的Flume等。

第二种是网页数据采集方法,包括设计一些网络爬虫(web crawler)、网络机器人,它们是按照一定的规则自动抓取网页信息的程序或者脚本。现在普遍采用的Python、Java、PHP等语言都可以实现网络爬虫,特别是Python语言中的网络爬虫配置十分便捷,使得网络爬虫技术得以迅速普及,同时也促进了政府、企业、个人对信息安全和隐私的关注。

⑤ 物联网万物互联

"物联网"这个"高大上"的事物逐渐走进我们的生活,跟采集技术的发展有关系吗?

物联网是指在计算机互联网的基础上,利用射频识别、传感器、红外感应器等"硬采集"技术与无线数据通信等数据传输技术相结合,以实现对物端的智能化信息感知、识别、定位、跟踪、监控和管理,构建所有物端之间具有类人化知识学习、分析处理、自动决策和行为控制能力的智能化服务环境。

简单地说就是构建一个覆盖世界上万事万物的大网络,"实现物物相连的互联网络"。

万物互联会产生大量的数据呀!

物联网的技术思想是"按需求连接万物"。因此物联网产生的数据也具有以下特点:一是数量规模是海量的,数据流是持续的,物联网节点的数据生成频率远高于互联网;二是数据传输速率更高,很多情况下需要实时访问、控制相应的节点和设备。因此需要高传输速率来支持。

三是数据更加多样化,不同领域和行业需要面对不同类型和格式的应用数据;四是物联网对数据真实性的要求更高。物联网是真实物理世界与虚拟信息世界的结合,其对数据的处理及基于此进行的决策将直接影响物理世界,所以物联网中数据的真实性显得尤为重要。

数据存储技术的发展

数据量越来越大,这些数据放在什么地方呢?

这就要了解一下数据的存储了。简单地说,数据存储就是将数据以某种格式记录在计算机内部或外部存储介质上,数据存储对象一般包括数据流在加工过程中产生的临时文件或加工过程中需要查找的信息。

数据存储技术是怎么样发展的呢?

人们曾使用打孔卡和打孔纸带记录信息,后来发明了磁带,在20世纪50年代磁带就已经开始用于数据存储,相较于打孔纸带,磁带物理尺寸小,存储容量大,但是其定位数据的局限性太大,跳转寻址非常耗时。

于是科学家将磁带的形态由带状改成了盘状,并且同时将多个组合起来,这样可以通过磁盘的旋转和磁头的移动在二维空间同时寻址,随机定位,速度大大提高。20世纪80年代,一款只有5.25英寸(1英寸=2.54厘米)却有5 MB容量的硬盘问世,它采用双磁头来提高定位数据的速度,成为现代硬盘的鼻祖。后来又有了光盘、固态硬盘、U盘、SD卡等各种各样我们现在比较熟悉的存储设备。

21世纪初,随着互联网技术的发展,云存储开始被广泛使用,云存储的数据存储在数据中心,用户只要能联网就可以访问云端的数据。

存储技术原来是这样发展起来的呀!

第三章 大数据的采集与存储

7 硬盘的存储原理

每个计算机都有硬盘，那数据是怎么记录到硬盘里面的呢？

硬盘也叫磁盘，是一种采用磁介质的数据存储设备。

硬盘内密封有若干个非常洁净的磁盘片，这些磁盘片一般是以铝为主要成分制作片基，在其表面涂上磁性介质，以便存储数据。在磁盘片的每一面上，以转动轴为轴心、以一定的磁密度为间隔的若干个同心圆就被划分成磁道，每个磁道又被划分为若干个扇区，数据就按扇区存放在硬盘上。在每一面上都相应地有一个读写磁头，所有不同磁头相同位置上的磁道就构成了柱面。硬盘在通电后保持高速旋转，位于磁头臂上的磁头悬浮在磁盘表面，可以通过步进电机在不同柱面之间移动，对不同的柱面进行读写。

计算机记录的数据很多，怎么知道我需要的数据记录在哪里呢？

为了解决这个问题，硬盘的第一个扇区（0道0头1扇区）被保留为主引导扇区。主引导扇区主要有两项内容：主引导记录和硬盘分区表。主引导记录主要是对安装在硬盘上的操作系统进行引导；硬盘分区表则存储了硬盘的分区信息。

计算机启动时首先读取主引导扇区的数据，并对其合法性进行判断。因此，硬盘的主引导扇区常常成为病毒攻击的对象。

哇，这么神奇！

53

8 硬盘的逻辑恢复方法

有时候我们误操作计算机,会发生数据丢失的情况,还能找回数据吗?

如果保存数据的硬盘没有任何物理类故障,能够被计算机系统识别和访问,在这种情况下对该介质中丢失的数据进行恢复,称为逻辑恢复。

比如误分区、误格式化、误删除、病毒破坏、文件乱码、独立磁盘冗余阵列(redundant arrays of independent disks,RAID)无法访问等情况导致的数据丢失,都可以进行逻辑恢复。

太好了,您能具体讲讲吗?

针对不同类型的数据有一些专用的恢复软件。比如磁盘所在的分区没有任何物理故障,但数据不能被操作系统读取,显示需要对打开的磁盘进行格式化,这显然是文件系统遭到了破坏。只需要将磁盘的文件系统重新加载,就可以恢复原来的数据。又比如误分区、误格式化等操作将一个分区格式化后,拷贝上新数据,新数据只是覆盖掉分区前的部分空间,去掉新数据占用的空间,该分区剩余数据的内容仍然有可能被恢复出来,但是格式化后的数据并不能保证100%恢复。

恢复数据首要的就是认真细致,对每一步操作都要有明确的目的。在进行操作之前就应该考虑做完这一步之后,能达到什么目的,可能造成什么后果,能不能退回到上一状态。

哦,我明白了!

9 用光作为信息载体的光盘

我们还常用光盘作为记录信息的载体，您能讲讲光盘吗？

光盘是另外一种盘状的存储介质，20世纪80年代由索尼公司和飞利浦公司共同研发。光盘利用激光扫描记录和读出方式保存信息，可以存放各种图像、文字、声音等多媒体数字信息。

我们常见的光盘是一片薄薄的塑料片，它为什么可以记录信息呢？

光盘分为只读型光盘和可记录型光盘，其结构主要由基板、记录层、反射层、保护层和印刷层组成，将多媒体信息转变为调频信号，再将其转化调制成相应的激光束，利用此激光束照射高速旋转的圆盘时，就会在记录层表面形成由凹痕信息构成的螺旋形轨迹，完成信息的写入。

当使用另一束低功率激光照射旋转的光盘时，由于凹痕区和非凹痕区的反射率不同，经由另一束低功率激光照射旋转的光盘读取不同长度的信号，通过反射率的变化形成代表"0"与"1"的信号，完成信息的读取。

那么可记录型光盘是如何重复记录信息的呢？

可记录型光盘的记录层介质主要为高速相变材料，如碲（Te）及其合金薄膜等，这种相变材料可以在激光照射下发生结晶态和非结晶态间的互变，利用两种状态具有的不同反射率，可以区分"0"与"1"的信号。

⑩ 没有盘结构的固态硬盘

还听说有一种固态硬盘,它又是什么硬盘呢?

虽然大家将固态硬盘称为硬盘,但是固态硬盘的内部并没有像机械硬盘那样的盘状结构,而是通过闪存芯片来存储数据的。

闪存芯片是什么呢?

闪存芯片本质上是海量晶体管形成的矩阵,矩阵中的每个单元可以存储一个比特的数据(有些是多个比特),用于表示"1"或者"0"。它们可以说是固态硬盘的基础配件。

固态硬盘与普通硬盘有什么不同呢?

固态硬盘内部构造十分简单,主体其实就是一块印制电路板(printed-circuit board,PCB),而这块PCB上最基本的配件就是主控芯片、缓存芯片和用于存储数据的闪存芯片。主控芯片是固态硬盘的大脑,其作用一是合理调配数据在各个闪存芯片上的负荷,二是承担整个数据中转,连接闪存芯片和外部接口。

主控芯片旁边是缓存芯片,用于辅助主控芯片进行数据处理。除主控芯片和缓存芯片以外,PCB上其余大部分位置都是闪存芯片。固态硬盘的读取速度比机械硬盘更快,同时固态硬盘不用磁头,寻道时间几乎为0,持续写入的速度非常惊人。另外,固态硬盘还具有防震抗摔、低功耗、无噪声、工作温度范围大等优点。

第三章 大数据的采集与存储

11 服务器与服务器集群

常听说计算机服务器，那什么是服务器？

服务器是计算机的一种，是一台比较大的电脑，其内部结构比普通计算机更复杂。它比普通计算机运行得更快、负载更高、价格更贵。服务器具有高速的CPU运算能力、长时间的可靠运行、强大的输入输出（input/output, I/O）外部数据吞吐能力以及更好的扩展性。

举个例子，将我们日常用的个人电脑或者笔记本电脑比作一台小汽车，一般只能坐几个乘客，而服务器就类似于一辆大巴车，能够乘坐几十个乘客，而更大一点的服务器就相当于一列高铁，能够乘坐比大巴车更多的乘客，速度也更快。

服务器集群又是什么呢？

服务器集群由通过输入/输出系统互联的若干服务器构成。就像春运的时候，客流量比平时大很多，一列高铁运输不了那么多乘客，这时候就要将两列高铁连起来，运送更多乘客。

而服务器集群也是类似的情况，服务器运算集中的时候，每一秒钟对服务器的访问量非常大，一台服务器处理不过来，将多台服务器连起来，组成集群处理更多的数据。而当客流量减少时，两列连起来的高铁可以拆开。因此，当服务器集群访问量减少时，也可以关闭部分服务器。很多互联网大公司用上万台或几十万台服务器连起来做集群。

57

12 感知数据存储

通过采集技术收集的大量数据,一般是怎么存储的呢?

感知数据是指从物联网中各种感知设备(如传感器、摄像机等)采集得到的原始数据。这些数据通常具有大量的维度和规模。感知数据的存储大体上可以分为外部存储和本地存储。

您能详细讲讲这两种存储吗?

外部存储,就是把收集到的感知数据存储在传感器网络以外的设备上(如云服务器)。使用外部存储时,传感器节点需要把采集的感知数据发送到汇聚节点,再发送至存储设备。

外部存储适用于数据查询频率远高于数据产生频率的情形,可以有效地减少查询信息命令在传感器网络中的操作,以及减少查询结果的数据收集,从而减少通信的能耗。

那本地存储呢?

本地存储不需要把收集的数据发送给远端存储设备,因而减少了数据传输过程中所消耗的能量。此外,本地存储可以减少感知数据在时间上的冗余。然而,本地存储在查询感知数据时会消耗大量传感器节点的能量。因此,本地存储适用于数据查询频率小于数据产生频率的情形。

第三章 大数据的采集与存储

13 操作型数据仓储

什么是操作型数据仓储呢？

操作型数据仓储（operational data store，ODS），用来存储多个数据源业务数据的系统，其数据用来支持业务流程或者输入到数据仓库中进行分析，给使用者提供当前的状态，提供即时性的、操作性的、集成的全体信息。

操作型数据具有实时性，需要实时响应和处理业务事件，如在线购物车的订单生成、银行的转账等；操作型数据具有高并发性，需要处理大量的用户请求和事务，以保持系统的稳定运行；操作型数据具有准确性，需要准确地记录和处理每一个事务，避免出现错误或遗漏。

操作型数据具有大规模处理性，要求系统具备高效的数据处理能力，以应对大数据量的挑战；操作型数据具有简单性，通常涉及基础数据处理，比如增加、删除、修改等操作；操作型数据具有广泛的应用场景，主要应用于金融、零售、物流等各行业。

原来操作型数据这么重要，那操作型数据仓储是怎么存储的呢？

操作型数据仓储类似于人的短期记忆，因为它只存储最近的信息，而数据仓库更像是长期记忆，其存储相对永久的信息。操作型数据仓储主要是从一个或多个数据生产系统中获取交易数据并进行松散集成，该数据主要是面向主题的，并具有时变性，但不受波动性的限制。

漫话大数据

14 云存储

我有时会听到别人说云存储,那是什么意思呢?

云存储是通过集群应用、网格技术等,将网络中大量各种不同类型的存储设备通过应用软件集合起来协同工作,共同对外提供数据存储和业务访问功能的系统。简单地说,云存储是一种网上在线存储的模式,即将数据存放在通常由第三方托管的多台虚拟服务器上,而非专属的服务器上。

云存储与传统存储差别大吗?

与传统存储相比,云存储不仅仅是一个硬件,而是一个由网络设备、存储设备、服务器、应用软件、公用访问接口、接入网和客户端程序等多个部分组成的复杂系统。

使用者可以在任何时间、任何地方,通过任何可连网的装置连接到云上方便地存取数据。其核心是应用软件与存储设备相结合,通过应用软件来实现存储设备向存储服务的转变。各部分以存储设备为核心,通过应用软件来对外提供数据存储和业务访问服务。使用者使用云存储并不是使用某一个存储设备,而是使用整个云存储系统带来的一种数据访问服务。

因此,云存储实质上是一种存储服务。

原来是这样呀!

第三章 大数据的采集与存储

 云存储的特点

云存储有什么优点呢？

云存储的优点在于，第一，云存储可以实现自动化和智能化。对于云存储来说，再多的存储服务器，在管理人员眼中也只是一台存储器，其使用状况都可以通过一个统一的管理界面进行监控和操作，大大减轻了管理人员的工作负担。

第二，云存储通过虚拟化技术解决了存储空间的浪费问题，可以自动重新分配数据，提高了存储空间的利用率，同时具备负载均衡、故障冗余等功能。第三，云存储还可以为中小用户，特别是一些初创企业，节约购买硬件和软件的成本。

云存储有没有什么缺点呢？

云存储也有一些比较明显的隐患，一是安全性的问题。由于数据存储在远程服务器上，用户无法完全控制自己的数据。二是网络依赖的问题，如果网络连接不稳定或者中断，用户将无法正常访问和操作存储在云端的数据，而且大规模的数据传输也需要较长的传输时间，这会对用户的工作效率产生一定的影响。

三是服务可用性的问题，如果云存储服务商发生故障或者停机维护，可能导致用户的工作中断和数据丢失。因此，在选择云存储服务商时，必须注意了解其服务协议和条款，了解其安全性保障措施和数据隐私政策。

16 云存储的基本架构

云存储的基本架构是什么样的呢?

云存储的基本架构通常包括四个主要层次:存储层、基础管理层、应用接口层和访问层。

您可以详细说说吗?

存储层是云存储最基础的部分,由各种存储设备及存储设备统一管理系统组成。

基础管理层是云存储最核心的部分,也是最难以实现的部分。它的目标一是保证多个存储设备协同工作,并提供更好的数据访问性能;二是通过内容分发系统和数据加密技术保证云存储中的数据不会被未授权的用户访问;三是通过各种数据备份、容灾技术及措施保证云存储中的数据不会丢失,保证云存储自身的安全和稳定。

应用接口层是云存储最灵活多变的部分。它是根据实际需求提供各种应用接口,例如视频监控应用平台、视频点播应用平台、网络硬盘应用平台、远程数据备份应用平台等。访问层是用户访问的部分,任何一个授权用户都可以通过标准的公用应用接口,登录云存储系统,享受云存储服务。

第三章 大数据的采集与存储

17 云存储技术的发展基础

云存储需要有许多技术支持才能实现吗?

是的,实现云存储离不开大数据相关技术的支持。首先是移动互联网技术的发展。云存储是一个多区域分布、遍布全国,甚至遍布全球的庞大公用系统。只有互联网得到充分的发展,使用者才能够获得足够大的数据传输带宽,实现大容量数据的传输。

同时,随着移动互联网技术的发展,用户不再只是内容的接收方,还可以在线阅读、点评、制造内容,成为内容的提供方,与其他用户进行交流沟通。还有移动终端的发展,包括手机、笔记本电脑、平板电脑等移动通信终端,云存储的使用者通过移动设备,实现数据、文档、图片、视频和音频等内容的集中存储和资料共享。

还有其他的技术吗?

云存储系统是一个多存储设备、多应用、多服务协同工作的集合体,需要利用集群技术、分布式文件系统和网格计算技术等,实现多个存储设备之间的协同工作,多个存储设备对外提供同一种服务。

此外,云存储实现还涉及内容分发技术、对等网络(peer-to-peer,P2P)技术、数据压缩技术、重复数据删除技术、数据加密技术、存储虚拟化技术、存储网络化管理技术等。

云存储是多种技术共同发展的结果呀!

漫话大数据

18 数据中心的发展历程

那什么是数据中心呢?

数据中心是一整套用于安置计算机系统及其相关部件的信息基础设施,包括冗余的数据通信连接、环境设备控制、建库设备、各种安全装置,以及数据资源集成、共享、分析的工具和流程,是物理条件、数据和应用条件的有机组合。

数据中心是怎么演变和发展起来的呢?

数据中心的演变和发展大致经历了四个阶段:一是数据存储中心阶段,该阶段数据中心的主要功能是数据存储和管理,存储和应用都是单向的,对于整体可用性需求较低。

二是数据处理中心阶段,随着网络技术的发展,该阶段数据中心的概念发展为核心计算,开始关注计算效率和运营效率,并配有专业维护人员。

三是数据应用中心阶段,随着互联网应用的普及,数据中心承担了核心计算和业务运营功能,对于数据中心的可用性也有了较高的要求。四是数据运用服务中心阶段,该阶段数据中心的功能包括组织的核心应用支撑、信息资源服务、核心计算以及存储和备份功能。

第三章 大数据的采集与存储

19 新一代云计算的数据中心

数据中心未来趋势是怎么样的呢?

作为信息基础设施,数据中心在大数据、物联网、科学应用等多个领域得到了应用,如网络化存储服务、基于数据中心的网络化计算平台和数据分析系统、基于数据中心的大数据应用等。

由于数据中心耗能巨大,新一代的云计算数据中心(或称绿色数据中心)成为未来数据中心的发展趋势。

绿色数据中心是什么呢?

绿色数据中心是指各种设备实现最大化的能源效率和产生最小化的环境影响的数据中心。新一代的云计算数据中心是对传统数据中心的改造和升级,是支持云服务要求的数据中心。

它是通过模块化软件实现自动化计算、资源整合和管理、虚拟化以及安全管理的新一代基础设施,包括场地、供配电、空调暖通、服务器、存储、网络、管理系统、安全等相关设施,具有高安全性、资源池化、弹性、规模化、模块化、可管理性、高能效、高可用性等特征,具有虚拟化、弹性伸缩和管理自动化等技术特点。

⑳ 云存储技术的发展趋势

云存储技术是不是未来很重要的存储技术呢?

是的,云存储已经成为未来存储发展的一种趋势,随着云存储技术的发展,各类搜索、应用技术与云存储技术相结合的应用,还需要从安全性、便携性、高性能、可用性,以及足够的访问性等方面进行完善与发展。

未来云存储技术的发展有哪些趋势呢?

未来云存储技术将在以下四个方面不断完善与发展:一是安全性,安全是云存储首要考虑的问题,对于想要进行云存储的客户来说,安全性通常是首要的商业和技术考虑。许多大型、可信赖的云存储厂商都在努力满足企业的要求,构建比多数企业数据中心安全得多的数据中心。

二是便携性,一些大型服务提供商所提供的解决方案承诺其数据便携性可媲美最好的传统本地存储。有的云存储结合了强大的便携功能,可以将整个数据集传送到你所选择的任何媒介,甚至是专门的存储设备。

三是高性能和可用性,新一代云存储技术努力解决托管存储和远程存储存在的延迟时间过长的问题,努力实现容量优化和网络优化,从而尽量减少数据传输的延迟。四是足够的访问性,帮助用户实现大规模数据请求或数据恢复操作,构建更多的地区性设施,数据传输更加迅捷。

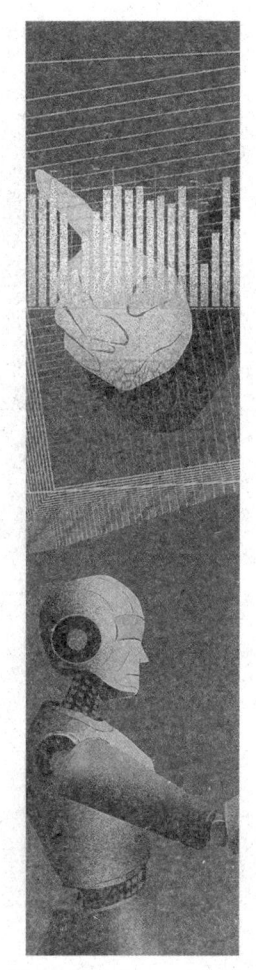

第四章
从数据分析到数据挖掘

第四章 从数据分析到数据挖掘

1 数据分析的开创者

韩爷爷，人们把各种数据收集并保存起来，然后再将这些数据怎么处理呢？

接下来就是数据分析了。

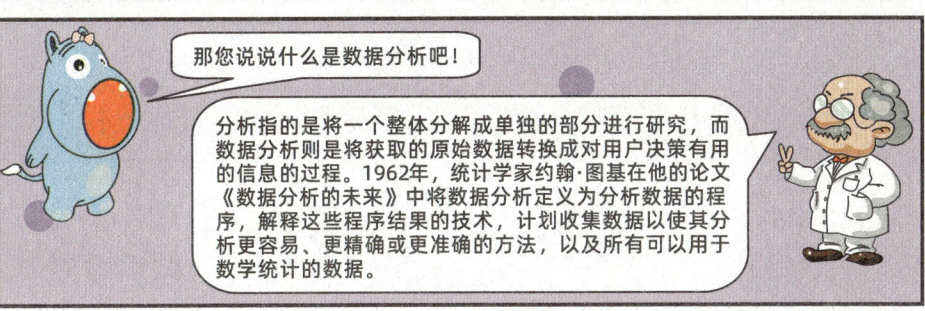

那您说说什么是数据分析吧！

分析指的是将一个整体分解成单独的部分进行研究，而数据分析则是将获取的原始数据转换成对用户决策有用的信息的过程。1962年，统计学家约翰·图基在他的论文《数据分析的未来》中将数据分析定义为分析数据的程序，解释这些程序结果的技术，计划收集数据以使其分析更容易、更精确或更准确的方法，以及所有可以用于数学统计的数据。

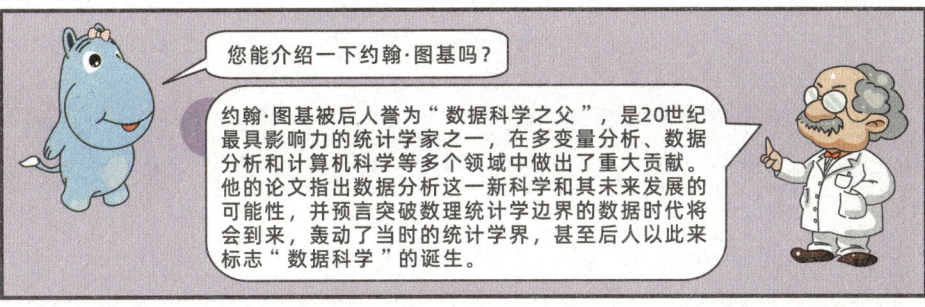

您能介绍一下约翰·图基吗？

约翰·图基被后人誉为"数据科学之父"，是20世纪最具影响力的统计学家之一，在多变量分析、数据分析和计算机科学等多个领域中做出了重大贡献。他的论文指出数据分析这一新科学和其未来发展的可能性，并预言突破数理统计学边界的数据时代将会到来，轰动了当时的统计学界，甚至后人以此来标志"数据科学"的诞生。

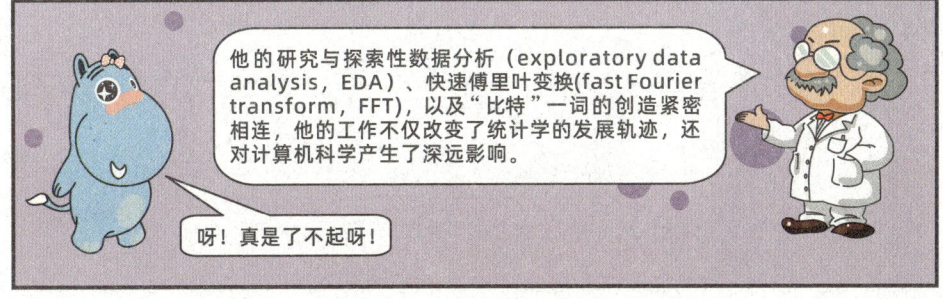

他的研究与探索性数据分析（exploratory data analysis，EDA）、快速傅里叶变换(fast Fourier transform，FFT)，以及"比特"一词的创造紧密相连，他的工作不仅改变了统计学的发展轨迹，还对计算机科学产生了深远影响。

呀！真是了不起呀！

② 探索性数据分析

约翰·图基提出的探索性数据分析到底是什么呢?

探索性数据是一种执行数据分析的方法,包括如何分析数据集、寻找的目标是什么,如何看待以及如何解释等内容。

您能详细介绍一下吗?

探索性数据分析方法能够最大限度地洞察一个数据集、发掘数据的潜在结构、提取重要变量、检测异常值和反常现象、检验基本假设、建立合适模型以及确定最佳影响因素等任务。

统计学家通过探索性数据分析初步识别数据中的异常值、趋势和模式,为进一步的分析做准备。探索性数据分析的主要目标:一是为观测现象寻找可能的原因;二是获得后续统计推断的假设基础;三是帮助选择合适的统计模型;四是为进一步的数据查探或实验提供基础。

常用的探索性数据分析方法包括:一是用5个数归纳总结数据,分别是最大值、最小值、中位数、上下四分位数(这5个数可在箱线图里表示);二是用方差、标准差或极差描述数据的离散程度;三是用直方图描述数据分布;四是用散点图观测变量之间可能存在的关系等。因此,探索性数据分析也常常与可视化方法一起使用。

真有意思!我们日常生活中也可以用这些方法来观察数据呀!

第四章　从数据分析到数据挖掘

3 定量数据分析

常听人们说定量数据分析和定性数据分析，您能具体讲讲吗？

"定量"与"定性"是人们认识事物的两种分析方式，这里先讲讲定量数据分析吧。定量数据分析是通过一定数量的样本来反映事物带有普遍意义的存在状况和关系模式的研究方法，大多数研究会涉及数学模型的构建和分析。

定量数据分析的研究内容是通过科学的数据收集和合理的数理模型构建，对科学的理论或假设进行检验和发展。对关键变量的测量过程是定量数据分析的核心，因为它是将实证数据研究和数学模型紧密联系起来的桥梁。

定量数据分析与数学的关系密切吗？

定量数据分析往往需要借助数理统计、微积分和线性代数等数学知识，将数学分析结果推广到更大的被研究群体中。定量数据分析通常包括以下四个方面：一是建立一般的理论模型和研究假设；二是设计数据收集过程和变量的操作过程；三是实证数据的收集和处理；四是对已获得的数据进行数学建模和分析解析，从而实证研究假设。

从研究的逻辑过程看，定量数据分析比较接近于"假说-演绎"方法，既保留实证数据收集的特点，又重视逻辑思维演绎推理的特点，这种方法使实证研究和数学演绎能够较好地结合。

4 定性数据分析

那定性数据分析呢?

简单地说,定性数据分析是一种对事物的质的规定性进行分析研究的方法,它主要依靠预测人员的丰富实践经验、主观判断及分析能力来推断事物的性质和发展趋势。

您能讲得具体一点儿吗?

定性数据分析的内容包括判断事物具有何种属性(特性及其相互关系),以便把某一事物与其他事物区别开来;为了更深入地认识事物的质,还要判断事物由哪些要素组成,以及这些要素在空间上采取什么样的联系和排列组合方式。

定性数据分析的方法多种多样,比如因果分析法、比较分析法及矛盾分析法。定性数据分析的基本程序包括确定被分析因素的数目,根据观察和实验资料分别描述和确定它们的特征、状态及变化,按照一定的判断依据和参照系进行分类和归类,根据被分析因素的特征对其作出界定、定义和推断。

尽管定性数据分析的形式多样,但它们都有共性,即除依据具体的经验知识和理论知识以外,还必须以唯物辩证法作指导,以便实现辩证的分析。

原来是这样呀!

第四章 从数据分析到数据挖掘

⑤ 数据挖掘

什么是数据挖掘呢？

数据挖掘超越了普通的数据分析，是从海量的数据中抽取潜在的、有价值的、合理的知识的过程，也就是说数据挖掘是从大量的数据中通过算法搜索隐藏于其中信息的过程。

数据挖掘比普通数据分析更厉害，那它是怎么发展起来的呢？

21世纪信息爆炸时代给人们带来许多负面影响，最主要的就是有效信息难以提炼和有用知识的丢失，世界著名的未来学家约翰·奈斯比特把这种情况称为"信息丰富而知识贫乏"的窘境。

人们迫切希望能对海量数据进行深入分析，发现并提取隐藏在其中的信息，以便更好地利用这些数据。然而，21世纪初，数据库系统仅具有录入、查询、统计等功能，无法发现数据中存在的关系和规则，也无法根据现有的数据预测未来的发展趋势，更缺乏挖掘数据背后隐藏知识的手段。正是在这样的背景下，数据挖掘技术应运而生。

它主要基于人工智能、机器学习、模式识别、统计学、数据库、可视化技术等，高度自动化地分析相关的数据，做出归纳性的推理，从中挖掘出潜在的模式，帮助决策者调整市场策略，减少风险，并做出正确的决策。

原来数据挖掘是数据分析技术的升级也是数据库技术的提高呀！

73

⑥ 数据挖掘的步骤

数据挖掘有哪些步骤呢？

一般来说，数据挖掘的步骤主要包括定义问题、建立数据挖掘所需要的数据、建立模型、评价模型等。

步骤好多呀，您能具体讲讲这些步骤吗？

第一是定义问题，就是要对目标有一个清晰明确的定义，即决定到底想干什么，比如，问题是提高电子信箱的利用率，那么我们想做的可能是"提高用户使用频率"，也可能是"提高用户使用的价值"，而解决这两个问题建立的模型是完全不同的。

第二是建立数据挖掘所需要的数据，包括收集、描述、选择数据，评估数据质量和清理数据，构建元数据等。第三是建立模型，它是一个反复的过程，需要仔细考察不同的模型以判断哪个模型最有用，先用一部分数据建立模型，然后用另一部分数据来测试和验证所建立的模型。有时还有第三个数据集，就是用一个独立的数据集来验证模型的准确性。

第四是评价模型，模型建立好之后，必须评价得到的结果、解释模型的价值，并在实际应用中进一步了解模型的有效性和正确性，经验证明，有效的模型并不一定是正确的模型，因此，直接在现实世界中测试模型很重要。

原来如此！

7 数据挖掘的基本分析方法

数据挖掘中建立模型是很重要的步骤,对吗?

是的。数据挖掘可以分为有指导的数据挖掘和无指导的数据挖掘。有指导的数据挖掘就需要利用可用的数据建立一个模型来描述特定属性,而无指导的数据挖掘是在所有的属性中寻找某种关系。

数据挖掘会用到哪些基本方法呢?

一是分类,它是从数据中选出已经分好类的训练集,在该训练集上建立分类模型,再将该模型用于对没有分类的数据进行分类。

二是估值,估值与分类类似,但估值最终的输出结果是连续型的数值,估值的量并非预先确定,可以作为分类的准备工作。三是预测,它通过分类或估值的训练得出一个模型,对于检验样本组而言,如果该模型具有较高的准确率,那么可将该模型用于对新样本的未知变量进行预测。

四是相关性分组或关联规则,其目的是发现哪些事情总是一起发生的。五是聚类,它是自动寻找并建立分组规则的方法,通过判断样本之间的相似性,把相似样本划分在一个簇中。总体来说:分类、估值和预测属于有指导的数据挖掘;相关性分组或关联规则和聚类属于无指导的数据挖掘。

8 关联分析

您说关联也是数据挖掘的基本方法之一,那什么是关联分析呢?

关联分析是一种简单且实用的分析技术,其目的是发现大量数据中隐藏的关联性和相关性,进而描述出一个事物中某些属性同时出现的规律和模式,这些规律和模式即关联规则。

关联分析广泛应用于市场营销、事务分析等领域。关联分析在商业领域的成功应用,使它成为数据挖掘中最成熟、最活跃的一个分支。

那您再具体讲讲关联分析吧!

例如:某超市使用关联分析对最近一段时间的顾客的消费记录进行分析,发现不同的顾客一次在超市购买的所有商品中,同时购买牛肉和鸡肉的比例为3:7,而购买牛肉的顾客中又购买了鸡肉的比例是3:4。

这两个比例参数在关联规则中被称为支持度和置信度,是最重要的两个衡量指标。从统计学的角度看,"顾客买了牛肉之后又购买鸡肉的可能性"是一个条件概率事件,从集合的角度,S表示所有的顾客,A表示购买牛肉的顾客,B表示购买鸡肉的顾客,C表示既买了牛肉又买了鸡肉的顾客,那么$C/S=3/7$,$C/A=3/4$。而关联分析的最终目标就是要找出强关联规则。

第四章 从数据分析到数据挖掘

9 分类分析

您说分类是数据挖掘的基本方法之一,那么什么是分类分析呢?

简单地说,分类分析就是分组分析,根据数据对象的特点,可以将数据对象划分为不同的部分和类型再进行分析,进一步挖掘事物的本质。即通过学习得到一个目标函数f,把每个属性集x映射到一个预先定义的类标号y。

这个有点抽象,您能不能再详细讲讲呢?

例如,研究人口性别问题,其目标变量按性别可分为男、女两组,具体到每一个人应该分在哪一组是一目了然的,而研究用户是否会在网上书店买书是分类任务,其目标变量有是、否两个值,每一个用户可以明确地分到不同的组内。

哦,是这样呀!

根据指标的性质,分类分析可以分为属性指标分组和数量指标分组。属性指标分组一般比较简单,分组指标一旦确定,组数、组名、组与组之间的界限也就确定了,比如我们前面的两个例子都是属性指标分析。

数量指标分组是指选择数量指标作为分组依据,分析数据的分布特征和内部联系,比如根据产品产量、技术级别、员工工龄等指标分组,有多少个指标值就分成多少个组。而当数据的变化幅度较大时,可以将数据总体划分为若干个区间,每个区间作为一组,组内数据性质相同,组与组之间的性质相异。

77

⑩ 多维度的分类分析

分组是分类分析的主要方法，那做分析时可以分多少组呢？

这是一个分析维度的问题，根据研究对象的复杂程度，可以做一维分类，也可以做多维分类。

一维分类就是分一个组吗？

准确地说，一维分类是用一个维度（或称为标准）来分析数据，比如超市要研究他们的客户年龄分布，就可以用年龄这个标准，将客户分为青年、中年、老年三个年龄组，通常用一个坐标的图来表示。

那么多维度分类呢？

如果数据需要按两个维度（或标准）来分类，就称为二维分类，通常用有两个坐标的表来表示，数据按两个维度分类时所列出的表，是由两个变量进行交叉分类的分布表，所以也称为交叉分析。

比如，超市研究顾客除了用年龄这个维度，还可以用顾客价值这个维度来表示，将顾客分为低价值、中价值、高价值三个组，并且把两组数据用带有两个坐标的表列出来，从中可以发现哪一个年龄组的高价值客户最多。但是有时一维和二维并不能够满足我们的需求，需要三维、四维或者更多维进行分类，比如在前面的例子里，我们可以增加消费产品的维度和销售日期的维度等，这样就可以做多维分析。我们常用的分析软件Excel的数据透视表，就可以做这种多维数据分析。

第四章 从数据分析到数据挖掘

 **聚类分析**

您说聚类也是数据挖掘的基本方法之一,那么什么是聚类分析呢?

聚类分析是将一群物理对象或者抽象对象划分成相似的对象类的过程。简单地说,聚类是将数据分类到不同类或者簇的一个过程。

我们把相似的对象通过静态分类的方法分成不同的组或者更多的子集,这样同一个子集中的成员对象都有相似的一些属性。它是探索性数据挖掘的主要任务,也是统计数据分析的常用技术。

聚类与分类有什么不同呢?

聚类与分类的不同在于,聚类所要求划分的类是未知的。从机器学习的角度讲,聚类是搜索簇的无监督学习过程,不依赖于预先定义的类或带类标记的训练实例,需要由聚类学习算法自动确定标记,而分类学习的实例或数据对象有类别标记。聚类是观察式学习,而不是示例式学习。

聚类看起来复杂很多呀!

聚类分析是一种探索性的分析方法,在分类的过程中,人们不必事先给出分类的标准,聚类分析能够从样本数据出发,自动进行分类。由于聚类分析所使用的方法不同,研究者常常会得到不同的结论。不同研究者对于同一组数据进行聚类分析,所得到的聚类数未必一致。

79

12 聚类分析的主要特点

聚类分析并不依赖于既定的先验知识，那聚类分析有什么主要特点呢？

聚类分析具有简单直观的特点，但分析的结果可以提供多个可能的解，选择最终的解需要研究者的主观判断和后续分析。

不管实际数据中是否真正存在不同的类别，利用聚类分析都能得到若干类别的解；聚类分析的解完全依赖于研究者所选择的聚类变量，增加或删除一些变量对最终的解可能产生实质性的影响；研究者在使用聚类分析时应特别注意可能影响结果的各个因素，异常值和特殊的变量对聚类有较大影响，当分类变量的测量尺度不一致时，需要事先做标准化处理。

聚类分析可以利用统计工具来做吗？

现在有许多著名的分析软件包如社会科学统计软件包(statistical package for the social sciences, SPSS)、统计分析系统(statistical analysis system, SAS)等都含有k-均值、k-中心点等算法的聚类分析工具。

聚类分析有什么不能做的事情吗？

聚类分析不能做的事情是自动发现和告诉你应该分成多少个类，所以期望能很清楚地找到大致相等的类或细分市场是不现实的，它不会自动给出一个最佳的聚类结果。同时，样本聚类、变量之间的关系需要研究者研究决定。

第四章 从数据分析到数据挖掘

 数学处理的灵魂——算法

听说"算法"是非常重要的大数据技术,是这样吗?

算法(algorithm)是数学处理的灵魂与核心,也是实现现实事物数学化、公式化和逻辑化处理的桥梁,可以说算法是信息时代连通现实社会和虚拟世界的立交桥。

什么是算法呢?

算法是解题方案的准确而完整的描述,实质是一系列解决问题、高度符合逻辑性、可执行性的指令集合,其代表着运用系统的方法描述和解决问题的策略与机制。

算法具体内容包括:将符合算法要求的数据按照一定的数据结构方式准备好,并完整输入和存储;按照综合算法指令的步骤一步一步地完成指令运行;最后输出和展示运行的结果。

从哪些方面来判断算法的好坏呢?

判断算法好坏的最重要指标是要能否产生比较满意的结果,然后就是算法的可行性、执行效率以及对计算机硬件的要求。算法的可行性主要指算法指令集的运行流畅性和对数据集的包容性;算法的执行效率主要是程序的执行速度和纠错能力;而算法对计算机硬件的要求则主要考虑经济性和实现性。

14 决策树法

您讲讲比较基础的算法,可以吗?

我们来了解一种叫作决策树的算法。决策树是一种树形结构(可以是二叉树或者非二叉树),其中每个内部节点表示一个属性上的判断,每个分支代表一个判断结果的输出,最后每个叶节点代表一种分类结果。其实决策树的分类与人在生活中的决策很相似。

您再讲得简单一点吧!

举个例子,假设今天我想网购一台笔记本电脑,决定是否购买某一款笔记本电脑,我会从以下几个方面来判断。

第一,这台笔记本电脑价格为7000元,没超过8000元的预算,在我可接受的范围内。第二,这台笔记本电脑是××品牌,是我值得信赖的。第三,这台笔记本电脑配置为固态+机械,显存8G,内存16G,这个配置我比较满意。第四,再看看其他人的评价如何?啊!这么多差评……算了,还是不买它了。以上我通过价格、品牌、配置、差评率等属性来决定是否购买这款笔记本电脑,将这个过程用计算机软件来实现,就是决策树的基本操作。

决策树法有什么特点呢?

决策树法的优点是决策制定的过程是可见的,不需要长时间构造过程,描述简单,易于理解,分类速度快;而它的缺点是很难基于多个变量组合发现规则。决策树法擅长处理非数值型数据,而且特别适合大规模的数据处理。

第四章 从数据分析到数据挖掘

⑮ 关联规则法

 您再讲讲其他的基础算法,可以吗?

 再说说关联规则法吧!关联规则法是反映事物之间的相互依赖性或关联性,数据挖掘的目的就是从源数据库中挖掘出满足最小支持度和最小可信度的关联规则。

 您再讲得简单一点吧!

 先来看一个有趣的"尿布与啤酒"的故事。美国沃尔玛连锁超市有一个有趣的现象:尿布和啤酒赫然摆在一起销售,但是这个奇怪的举措却使尿布和啤酒的销量双双增加了。这是因为沃尔玛拥有庞大的数据仓库系统,为了准确了解顾客的购买习惯,沃尔玛工作人员对顾客的购物行为进行分析,想知道顾客经常一起购买的商品有哪些。

 他们首先会在数据仓库里集中各门店的详细原始交易数据,并利用关联规则法对这些数据进行分析和挖掘。一个意外的发现是跟尿布一起购买最多的商品竟是啤酒,然后经过大量实际调查,揭示了一个隐藏在"尿布与啤酒"背后的美国人的行为模式:一些年轻的父亲下班后经常要到超市去购买婴儿尿布,而他们中有30%~40%的人同时也会购买一些啤酒。

 产生这一现象的原因是美国的太太们常常叮嘱她们的丈夫下班后为小孩买尿布,而丈夫们在购买尿布后又随手带回了他们喜欢的啤酒。

 原来是这样呀!

16 神经网络法

还有其他的算法吗?

再说说神经网络法吧!我们都知道大脑是由神经元组成的,其工作原理是将外部刺激转化为电信号后传导至神经元,再由神经元判断其是否达到激活阈值,从而输出"兴奋"或"抑制"电信号,最后在神经中枢综合各种信号并对外部刺激做出反应。

基于对人类神经元的了解,科学家发明了神经网络法。神经网络法的原理是将每个输入值乘以不同的权重值,以此代表不同输入对最终输出结果影响程度的大小;再经过加权求和后,加上偏置常数,以激活神经元传递的阈值;最后通过激活函数完成非线性转换从而输出最终值。

您再讲得简单一点吧!

简单地说,神经网络法就是模拟生物神经系统的结构和功能,将每一个连接看作一个处理单元,模拟人脑神经元的功能,可以完成分类、聚类、特征挖掘等多种数据挖掘任务。

这种算法有什么特点呢?

神经网络法主要表现在权重值的修改上。它的优点是具有抗干扰、非线性学习、联想记忆功能,对复杂情况能够得到精确的预测结果。然而,它的缺点首先是不适合处理高维变量,不能观察中间的学习过程,具有"黑箱"性,输出结果也难以解释;其次是需要较长的学习时间。神经网络法主要应用于数据挖掘的聚类分析中。

第四章 从数据分析到数据挖掘

17 机器学习

您能讲讲"机器学习"吗?

机器学习(machine learning)是研究怎样使用计算机模拟或实现人类学习活动的科学,是人工智能中最具智能特征、最前沿的研究领域之一。

它是一门涉及数学、计算机科学、哲学等多领域的交叉学科,包括概率论、数理统计、神经网络、线性代数、数值分析、计算机算法实现等多方面的知识。

听起来好复杂呀!

简单地说,机器学习是让计算机模拟或者实现人类的学习行为,通过计算机的模拟学习获取新的知识和技能,并通过学习得来的"智慧"和理论来指导数据的分析和应用,尤其是对未来的预测和判断。

机器学习的研究主要分为两类方向:第一类是传统机器学习,该类方向主要是研究学习机制,注重探索模拟人的学习机制;第二类是大数据环境下机器学习,该类方向主要是研究如何有效利用信息,注重从海量数据中获取隐藏的、有效的、可理解的知识。

让机器具有学习能力,这听起来好神奇呀!

18 大数据时代的算法

——大数据时代的算法与传统的算法是不是不一样呢？

——大数据时代的算法被称为数据科学，而传统的算法被称为数据分析。它们之间有比较明显的区别。

——区别表现在哪里呢？

——传统算法的目标是对已有数据进行归纳总结和描述性分析，回答"过去发生了什么？""为什么会发生？"这样的问题，而大数据时代算法的研究目标是运用已有数据实现对未来的预测和判断，重点在于挖掘隐藏在数据中的深层次信息，并以此为基础，创造数据产品并提供预测和判断。

——它不仅要回答"过去发生了什么？""为什么会发生？"这样的问题，更注重回答"未来将发生什么？""怎样预测？"等问题。

——有哪些比较典型的算法呢？

——例如：A星搜寻算法，用于图形搜索，从给定的起点到终点计算出路径，常用于路径规划和导航系统；最大期望算法，在统计计算中寻找可能性最大的参数估计值，常用于数据分析和机器学习；动态规划算法，展示互相覆盖的子问题和最优子结构算法，常用于优化问题。

19 大数据的计算框架

有了数据收集和各种算法,接下来就可以进行数据计算了,对吗?

是的。大数据的计算还需要计算框架对系统中的数据进行计算,计算框架在某种意义上可以称为处理引擎。

什么是计算框架呢?

举一个简单的例子,假设我们要从销售记录中统计各种商品的销售额。在单机环境中,我们只需要把销售记录扫描一遍,对各种商品的销售额进行累加即可。如果销售记录存放在关系数据库中,那么更省事,执行一条SQL语句就可以了。

现在商品的销售记录实在太多了,需要设计出由多台计算机来统计销售额的方案,为每台计算机分配任务,以保证计算的正确、可靠、高效及方便。这个方案需要考虑下列问题:应该选择哪种排序算法?应该在哪台计算机上执行排序过程?每台计算机处理的数据从哪里来,处理的结果到哪里去?数据是主动发送,还是接收方申请时才发送?如果是申请时才发送,那发送方应该保存多长时间的数据? 会不会任务分配不均,有的计算机很快就处理完了,有的计算机却一直忙着?……

其实,这些问题与具体任务无关,在很多数据处理场合也会涉及。如果将这些问题的解决方案封装到一个计算框架中,那么可以大大简化这类应用程序的开发。

原来是这样呀!

20 大数据分析技术

大数据分析技术跟传统数据分析技术有没有区别呢?

大数据分析技术相对于传统数据分析技术具有数据量巨大、数据覆盖面广、数据类型多样、数据处理速度快、价值密度低等特点,因此,大数据分析技术也更加复杂。

一般大数据分析技术包括哪些内容呢?

大数据分析技术的一般完整操作过程包括数据采集、数据清洗、数据转换、数据集成、数据加载、数据处理、数据挖掘、数据学习、数据解析、数据可视化、数据应用等步骤。

要实现这一技术方法,需要将应用数学、计算科学以及信息工程学作为前期处理的核心,同时加入数据挖掘、数据仓库、智能学习等智能化的信息科学技术手段。其中:数据挖掘超越了普通的数据分析,从海量的数据中抽取潜在的、有价值的、合理的知识;数据仓库针对各类分析需求,进行相关数据的整合集成,最终得到满足分析需求的全面、高效、统一的信息集。

而智能学习是在数据挖掘和数据仓库的基础上,应用机器学习等专业分析系统来优化资源,提高效率,实现智能化。

有了大数据分析技术就可以更轻松地实现大数据的分析处理了!

第五章
让你一眼看出数据发生了变化

第五章　让你一眼看出数据发生了变化

 数据可视化

韩爷爷，大数据时代人们被信息所淹没，有什么办法可以帮助人们解决这个问题呢？

在大数据时代，数字化和大量的计算机仿真产生了海量数据，超出了人类大脑的分析处理能力。数据可视化（data visualization）提供了解决这种问题的一种新方法。

太好了！那您说说什么是数据可视化呢？

数据可视化是一种使复杂信息能够容易和快速被人理解的手段，是一种聚焦了信息重要特征的信息压缩，是一种可以放大人类感知的图形化表示方法。数据可视化就是把数据、信息和知识转化为可视的表示形式，并获得对数据更深层次认识的过程。

数据可视化的研究需要综合许多学科内容，是吗？

是的，数据可视化充分利用计算机图形学、图像处理、用户界面、人机交互等技术，形象、直观地显示科学计算的中间结果和最终结果并进行交互处理。

数据可视化既可以应用到简单问题，也可以应用到复杂系统状态表示问题。人们可以从数据可视化的表示中发现新的线索、新的关联、新的结构、新的知识，促进人机系统的结合，促进科学决策。

数据可视化原来这么重要呀！

② 数据可视化的重要作用

数据可视化在大数据技术中是很重要的吗?

是的。数据可视化的最大作用,在于它能够帮助人们更快地理解数据。寻找堆积如山的信息之间的联系并不容易,但图形和图表可以将无形的信息转化为可见的图形符号,直接清晰地表达出来,帮助你快速发现关键点。

其实除此以外,数据可视化还有其他重要功能,研究表明,人们能记得他们看到的大约80%的图像,却只能记得他们读过的大约20%的内容。大脑记忆图像的速度比抽象单词快一百万倍。因此,数据可视化可以加深人们对信息的记忆。

另外,数据可视化使人们能够运用一些简单的图形体现那些复杂的信息,也能轻松地分析各种不同的数据源,从而更好地理解数据和结果之间的关系。数据可视化还可以从大数据中发现一些新趋势,及时带来风险预警,以及发现其他影响数据发生变化的因素。

哦!数据可视化的作用确实很重要!

是的,数据可视化是从数据的角度看待世界。换句话说,数据可视化的对象是数据,把可视化作为探索世界的手段。

第五章 让你一眼看出数据发生了变化

③ 起源古老的数据可视化

数据可视化有很长的发展历史吗？

数据可视化的发展历史与测量、绘画、人类现代文明的启蒙和科技的发展一脉相承。数据可视化的历史比计算机的历史要久远。

那会有多久远的历史呢？

实际上，古巴比伦人、古埃及人、古希腊人和中国人都开发出了以视觉方式表达信息的方法。有些人将目光投向了头顶的天空，绘制了星空的变化，于是就有了星空图；有些人则将目光投向了地平线，绘制了一座座山川，一弯弯河流，于是就有了地图、河图。

比如：约公元前1150年，古埃及的都灵矿山纸莎草地图就准确地描绘了地质资源的分布，并提供了这些资源的开采信息，这可以说是历史上第一份数据可视化地图，也可以看作是数据可视化的开端。古希腊迈锡尼的线形文字B（linearB）碑文中描绘的关于青铜时代晚期地中海贸易的可视化信息，以及大名鼎鼎的托勒密地图，都属于最早期的数据可视化。

还有中国湖南省长沙市马王堆三号汉墓出土的古地图，反映了距今约2100年前测绘的光辉成就。

这太神奇了！

❹ 古老的托勒密地图投影

古老的绘图方法对数据可视化的影响很大吗？

是呀！跟你讲讲古老的托勒密地图。托勒密（约公元90~168年），古希腊人，在天文、地理、数学、占星术、光学等方面都有很深的研究，《地理学》一书是他在地理学及地图学上的著作。

他最大的贡献是发明了两种地图投影方法。第一种投影方法，是在理论上先确定一个顶点，然后画出由这个顶点辐散开来的放射状经线，纬线也以这个顶点为中心，呈弧状分布；第二种投影方法，是以地图中央的垂直经线为中心，其他所有的经线都被画成曲线，每一边18条，每条之间相隔5°，距离中央经线越远，经线的弯曲程度就越大。

用这种方法绘制而成的地图，东西距离与南北距离之间的比例更加真实。

利用投影来准确绘制地图，真是天才的想法！

托勒密的地图投影方法被誉为古代世界"最卓越的创造"，奠定了科学制图学的基础。他不仅提出了绘制世界地图的基本原理与具体方法，还绘制了世界地图。不过，他绘制的原图早已失传。好在其著作中详细地列举了世界各地大约8000个地方的经纬度。这样，后人就可以比较容易地根据这些经纬度数据，运用地图投影方法绘制出托勒密式的世界地图了。

第五章 让你一眼看出数据发生了变化

5 现代数据可视化鼻祖——威廉·普莱费尔

现代意义上的数据可视化是什么时候发展起来的呢?

17世纪,随着法国数学家勒内·笛卡儿和皮埃尔·德·费马发明了解析几何和二维坐标系,数值显示和计算方法产生了革命性的改变。

18世纪,威廉·普莱费尔完成了统计图形学的奠基,被称为现代数据可视化鼻祖。

他有哪些重要的工作呢?

我们现在熟悉的折线图、条形图和饼形图几乎都是威廉·普莱费尔一手创建的。1786年,他出版了《商业和政治图解集》,在这部著作中威廉·普莱费尔用34个条形图展现了1781年苏格兰对17个国家的进出口情况,还采用了面积图来表示丹麦和挪威从1700年到1780年的进出口情况,创立了世界上第一张有意义的线图、柱状图、饼形图与面积图等,这些图表看似十分简单,但实际上很好地反映了所展示的内容,效果明显。

1801年,他在出版的《统计学摘要》中绘制了世界上第一张饼形图,阐述土耳其帝国当时在欧洲、非洲、亚洲占有的领土面积,更重要的是,他坚信图表比数据表更有表现力。

⑥ 19世纪上半叶的"现代主义"网格

后来数据可视化是怎么发展的呢？

19世纪上半叶，统计图形、概念图等迅猛发展，此时人们已经掌握了整套统计数据可视化工具，包括柱状图、饼形图、直方图、折线图、时间线、轮廓线等。

关于社会、地理、医学和经济的统计数据越来越多，将国家的统计数据和其可视表达放在地图上，产生了概念制图的新思维，其作用开始体现在政府规划和管理中。采用统计图表来辅助决策同时衍生了可视化思考的新方式：图表用于表达数学证明和函数，列线图用于辅助计算，各类可视化显示用于表达数据的趋势和分布，便于交流、获取和可视化观察。

这个时期有什么比较有名的图吗？

一种用网格来表示时间的可视化设计风靡欧洲和美国。这种由波兰教育家安东尼·雅日文斯基发明的可视化方法，后又被称作"波兰体系"，是一个非常典型的对数据进行抽象化的设计，颇具现代主义风范。

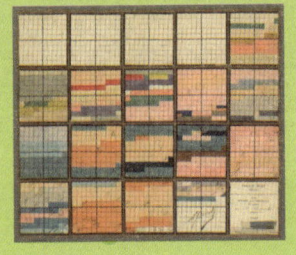

具体来说，这些网格中的每一小格表示一年，而每个10×10的"豆腐块儿"就代表一个世纪，颜色代表不同的君主或政府，用符号来标注联姻、战争、条约签订等。如果将这样的填色网格应用到历史课上，学生们就能很快地理解一个国家的政权更替情况。

第五章 让你一眼看出数据发生了变化

7 19世纪下半叶的"拿破仑东征图"

那后来呢?

19世纪下半叶,系统地构建可视化方法的条件日渐成熟,统计图形学进入了黄金时期。

这个时期有没有比较有影响力的图呢?

值得一提的是法国人查尔斯·约瑟夫·米纳德,他是将可视化应用于工程和统计的先驱者。其最著名的工作是1869年发布的描绘1812~1813年拿破仑进军莫斯科大败而归的历史事件的流图。

此图将法军东征俄国的过程,精确而巧妙地通过数据可视化的方式展现出来,如实地呈现了军队的位置和行军方向,军队汇聚、分散和重聚的地点与时间,军队减员的过程,撤退时低温造成的减员等信息。

那是什么样的图呢?

这个设计省略了具体的地理边界,只保留了相对方位,因而能够更聚焦地展示拿破仑在东征时兵力不断减少的事实。同时,作者还有意加强了去程和回程之间的对比。在回程的时候,图中用黑线表示,兵力的损失表现得尤为惨烈。在军队残部最终返回法国的时候,这根黑线已经极其羸弱、纤细了。整个可视化犹如几道道劲的笔法,寥寥数笔就勾勒出了拿破仑征俄战役的惨烈败局。

97

漫话大数据

8 "直观展示排名"的可视化典范

统计图形学的黄金时期还有哪些优秀的作品呢?

再讲讲美国人口普查数据的艺术展示吧。

那是什么呢?

美国著名经济学家弗朗西斯·沃尔克设计了用可视化图表的形式,展现1790~1890年美国各个城市人口的相对排名情况,这种直观的展示排名可以说是可视化典范。

这张图的设计有几大亮点:第一,用连线的方式表示排名变化,可以很好地引导视线,让人轻松地追踪数据的变化;第二,由于城市数量很多,设计者为每个城市设计了独特的花色或纹理,这样就避免了用纯色容易混淆的问题;第三,为了阅读方便,设计者将1890年放在了最左边,这适应了人们往往想先阅读最新数据的需求。总体上,整张图表的设计比较完善。

该图表记录了美国人口分布变化的重要历史时刻。1870年,纽约是全美国人口最多的州,但美国的许多中西部和西部州都在快速发展,很多纽约人正迁往其他州。

第五章 让你一眼看出数据发生了变化

⑨ 具象性的可视化表达

后来数据可视化又如何发展呢？

20世纪，数据可视化随着统计图形的主流化开始面向政府、商业和科学走向应用普及，人们第一次意识到图形显示的方式能为航空、物理、天文和生物等科学与工程领域提供新的机会。多维数据可视化和心理学的介入成为这个时期的重要特点。

有没有比较特别的例子呢？

例如，20世纪30年代，奥图·纽拉特等人建立的国际图形教育系统，简称伊索体系（Isotype），提倡以图表的形式来表达数据。

这套系统为教育界建立了一个全球化的标准，并通过一种有规律的、通用可读的视觉语言来整合人文和科学。例如，一幅展示了不同动物的寿命长短的可视化图，所有数据几乎都用具象性的可视化表达方式呈现，动物用形象的小图标表示，寿命长短则是通过动物在曲线上的位置表示。例如，最长寿的是巨龟，它在曲线的最末端，远远甩开了其他动物。

这一设计十分有趣，容易被大众接受，因而至今还能看到它在社交媒体上传播，被许多平面设计师青睐，也被许多行业采用，足见其魅力。

数据可视化不再只是数据表示和数据呈现的工具，而是作为一种艺术形式啦！

⑩ 多维数据图形

数据可视化后来发展得更快了,是吗?

1967年,法国人雅克·贝尔廷出版了《图形符号学》一书,确定了构成图形的基本要素,并且描述了一种关于图形设计的框架。这套理论奠定了信息可视化的基础。

20世纪70年代以后,桌面操作系统、计算机图形学、图形显示设备、人机交互技术的发展激发了人们通过编程实现交互式可视化的热情。处理范围从简单的统计数据扩展为更复杂的网络、层次、数据库、文本等非结构化与高维数据。

与此同时,高性能计算、并行计算的理论与产品正处于研制阶段,催生了面向科学与工程的大规模计算方法。数据密集型计算开始走上历史舞台,也造就了对数据分析和呈现的更高需求。

这太棒了,您能讲几个比较有趣的信息可视化方法吗?

例如:统计图形学家用星形图、脸谱编码图来表达多变量数据,用增强散点图来表达散点图矩阵,用马赛克图来表达多维类别型数据,用模拟鱼眼视觉效果来对重要细节加以突出等。

11 信息可视化分析学的发展

计算机技术用于数据可视化后,有哪些发展趋势呢?

20世纪80年代末,视窗系统(Windows)的问世使得人们能够直接与信息进行交互。1989年,科学家对统计图形学的研究思想和研究范畴进行总结和升华,确定了信息可视化分析学。

21世纪,面对海量、高维、多源和动态数据的分析挑战,信息可视化分析学成为一门新兴又热门的学科,它综合了可视化、图形学、数据挖掘理论与方法,研究新的理论模型、新的可视化方法和新的用户交互手段,辅助用户从大尺度、复杂、矛盾甚至不完整的数据中快速挖掘有用的信息,以便做出有效决策,其核心理论基础和研究方法尚处于探索阶段。

那中国的科学家有没有在这个领域进行研究呢?

有呀!从20世纪90年代开始,我国的科学家已经在信息可视化领域投入了极大的精力,为应用领域认识和使用可视化奠定了坚实的基础。

尽管如此,先进的可视化分析软件和算法在国内尚未得到普遍的理解。因此,我们急需对可视化分析的基础理论和方法展开研究,通过自主研发掌握这个领域的核心技术。

12 数据可视化设计的四大原则

如何确保可视化设计既美观又简单易懂呢?

一个好的数据可视化设计可以帮助人们迅速理解数据背后的意义。数据可视化设计有四大设计原则,即亲密原则、对比原则、对齐原则和重复原则。

您详细讲讲吧!

一是亲密原则:强调将相关信息通过空间或视觉联系聚集在一起。人们自然会将彼此接近的元素视为相关联的部分。

二是对比原则:通过强调视觉差异来突出重点,使重要信息脱颖而出,适当的对比可以使关键数据更加明显,从而引导观众关注特定的数据点或趋势。三是对齐原则:强调将视觉元素沿着某一参考线排列,从而建立视觉联系和结构。在数据可视化中,良好的对齐可以提升图表的整洁性,使人们更容易浏览和理解数据。

四是重复原则:通过重复使用某些视觉元素来建立一致性和统一感。在数据可视化中,重复可以帮助观众识别模式,并提高信息传达的效率,选择某些视觉元素(如颜色、字体、图标)进行重复使用,建立一致的视觉风格,确保重复的元素与数据内容一致,避免不必要的重复造成视觉疲劳。

第五章 让你一眼看出数据发生了变化

13 数据可视化的分类

数据可视化可以怎么分类呢?

数据可视化的处理对象是数据。早期就是按照数据类型,将数据可视化划分为处理科学数据的科学可视化和处理抽象的、非结构化信息的信息可视化两个分支。

这两个分支的研究有什么不同吗?

主要是面向的数据类型不同。广义上,面向科学和工程领域的科学可视化是研究带有空间坐标和几何信息的三维空间测量数据、计算模拟数据和医学影像数据等,重点探索如何有效地呈现数据中的几何、拓扑和形状特征。

而信息可视化的处理对象则是非结构化、非几何的抽象数据,如金融交易、社交网络和文本数据,其核心挑战是如何针对大尺度高维数据减少视觉混淆对有用信息的干扰。后来随着数据可视化研究的深入,数据分析的重要性日益凸显,一个新的分支逐渐形成,即将数据可视化与数据分析结合,形成一个新的学科——可视分析。

原来已经发展演化成了三个主要分支呀!

科学可视化、信息可视化和可视分析三个学科方向通常被看成数据可视化的三个主要分支。

14 科学可视化

您再讲讲每个分支的主要特点吧?

先说说科学可视化。科学可视化是可视化领域中发展最早、最成熟的一个跨学科研究与应用领域,面向的领域主要是自然科学,如物理、化学、气象气候、航空航天、医学、生物学等学科。

这些学科通常需要对数据和模型进行解释、操作与处理,旨在寻找其中的模式、特点、关系以及异常情况。

科学可视化有什么主要的特点呢?

科学可视化的基础理论与方法已经相对成形。它主要关注三维真实世界的物理化学现象,用图形来描述物理现象,将数学符号转化成几何图形,以直观、形象的方式来表达数据,使科学家和工程技术人员能够有效地观察、模拟和计算,并进行交互控制。科学可视化包括图像生成和图像理解两个部分,它既是由复杂多维数据集产生图像的工具,又是解释输入到计算机的图像数据的手段。

科学可视化技术有哪些主要趋势呢?

一是可视化图像的实时显示及交互控制,即采用高性能硬件与适当的算法和软件来提高显示速度。二是网络环境下计算机支持的协同工作,实现共享科学计算或测量数据的图像。三是虚拟环境下实现的科学计算可视化,人们可以"沉浸"其中,科学计算可视化的结果更为生动、形象。

第五章 让你一眼看出数据发生了变化

15 信息可视化

您再讲讲信息可视化的主要特点吧?

信息可视化的对象是抽象的、非结构化数据集合（如文本、图表、层次结构、地图、软件、复杂系统等）。传统的信息可视化起源于统计图形学，又与信息图形、视觉设计等现代技术相关。其表现形式通常在二维空间，因此关键问题是在有限的展现空间中以直观的方式传达大量的抽象信息。

与科学可视化相比，信息可视化更关注抽象、高维数据。此类数据通常不具有空间位置属性，因此要根据特定数据分析的需求，决定数据元素在空间中的布局。

信息可视化的方法与数据类型紧密相关，通常有哪些数据类型呢？

一是时空数据可视化，时间与空间是描述事物的必要因素，地理信息数据和时变数据的可视化也至关重要。二是层次与网络结构数据可视化，网络（图）结构数据是现实世界中最常见的数据类型之一。层次与网络（图）结构数据通常使用点线图来可视化。

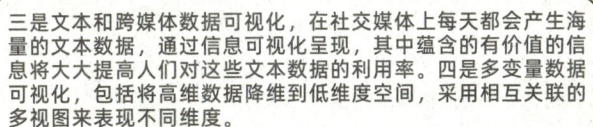

三是文本和跨媒体数据可视化，在社交媒体上每天都会产生海量的文本数据，通过信息可视化呈现，其中蕴含的有价值的信息将大大提高人们对这些文本数据的利用率。四是多变量数据可视化，包括将高维数据降维到低维度空间，采用相互关联的多视图来表现不同维度。

16 可视分析

什么是可视分析呢?

可视分析综合了图形学、数据挖掘和人机交互等技术,以可视交互界面为通道,将人的感知和认知能力以可视的方式融入数据处理过程,形成人脑智能和机器智能优势互补和相互提升,建立螺旋式信息交流与知识提炼途径,完成有效的分析推理和决策。目前,它已经逐渐向人工智能方向发展。

您再讲讲可视分析的主要特点吧?

新时期科学发展和工程实践的历史表明:智能数据分析所产生的知识与人类掌握的知识的差异正是导致新的知识发现的根源。

为了有效结合人脑智能与机器智能,一个必经途径是以视觉感知为通道,通过可视交互界面,形成人脑和机器智能的双向转换,将人的智能特别是"只可意会,不能言传"的人类知识和个性化经验可视地融入整个数据分析和推理决策过程中,使得数据的复杂度逐步降低到人脑和机器智能可处理的范围。

可视分析可以看成是将可视化、人的因素和数据分析集成在一起的过程,这个过程逐渐形成了可视分析这一交叉信息处理的新思路。迄今为止,可视分析的基本理论和方法仍然是一个有待解决的新课题,值得深入研究。

第五章 让你一眼看出数据发生了变化

17 图形学、人机交互与可视分析

可视分析中谈到了图形学和人机交互，您能不能再讲讲这些方面的知识呢？

可视分析与计算机图形学有密切关系，计算机图形学是一门通过软件生成二维、多维动态影像的学科。起初，可视化通常被认为是计算机图形学的子学科。

通俗地说，计算机图形学关注数据的空间建模、外观表达与动态呈现，它为可视化提供数据的可视编码和图形呈现的基础理论与方法。数据可视化则与具体应用和不同领域的数据密切相关。由于可视分析的独特属性及与数据分析之间的紧密结合，数据可视化的研究内容和方法已经逐渐独立于计算机图形学，形成一门新的学科。

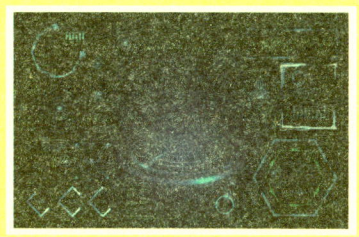

那人机交互与可视分析有什么联系呢？

人机交互是指人与机器之间使用某种语言，以一定的交互方式，为完成特定任务的信息交换过程。

人机交互是信息时代数据获取与利用的必要途径，是人与机器之间的信息通道。人机交互与计算机科学、人工智能、心理学、社会学、图形学、工业设计等学科广泛相关。在数据可视化中，通过人机界面接口实现用户对数据的理解和操纵，数据可视化的质量和效率需要最终的用户评判。因此，数据、人、机器之间的交互是数据可视化的核心。

18 数据可视化工具

数据可视化十分重要，那我们如何实现数据可视化呢？

现在有许多数据可视化工具（软件）可以帮助人们实现数据可视化。出色的数据可视化工具让人们可以快速、轻松地查看和理解模式和关系，并发现仅用原始数据表格或电子表格不会注意到的新兴趋势。

大多数情况下，这些工具不需要进行专门的使用培训，就可以让所有人理解和解读图形中显示的内容。

数据可视化工具是如何工作的呢？

大多数数据可视化工具都可以与关系数据库等数据源相连接。这些数据存储在本地或云端，可供检索和分析。随后，用户可以从众多选项中选择呈现数据的最佳方式，比如大多数的数据可视化工具都为用户提供从折线图和条形图等常见图表到时间线、地图、曲线图、直方图和自定义设计等各种可视化分析图形选项，一应俱全，一些工具会根据所呈现数据的种类来自动提供显示建议。

数据可视化工具的特性有哪些呢？

一是必须适应大数据时代数据量的爆炸式增长需求，必须快速收集和分析数据，并对数据信息进行实时更新；二是满足快速开发、易于操作的特性；三是丰富的展现方式，能够充分满足数据展现的多维度要求；四是多种数据集成支持方式，不局限于数据库、文本等。

第五章 让你一眼看出数据发生了变化

 入门级的数据可视化工具——Excel软件

您能不能简单介绍一下有哪些数据可视化工具呢?

概括起来,数据可视化工具包括信息图表、图解、图形、表格、地图和列表等不同的信息图表工具。

哪种工具相对比较简单又容易使用呢?

这里就讲讲我们经常使用的图表工具Excel软件。

日常生活对数据进行处理应用最广泛的软件是Office办公软件中的Excel软件,它能让非专业人士实现数据可视化的梦想,让用户认识数据可视化之美。Excel软件作为一个入门级工具,是快速分析数据的理想工具,也能创建供内部使用的数据图,会用Excel软件的人都知道,它是数据处理最方便、最实用的软件,能够利用数据透视表功能快速对大量数据进行分析、汇总,并将汇总数据制作成柱状图、饼形图等来展示。

我知道Excel软件呀!

但是Excel软件在颜色、线条和样式上可选择的范围有限,这也意味着用Excel软件很难制作出能够符合专业出版物和网站需求的数据图,需要用更加专业的软件制作,才能够实现数据可视化的效果。

20 理想的解决方案应当让生活更轻松

不同的数据可视化工具有着不同的应用,未来数据可视化工具会有什么特点呢?

数据可视化工具作为大数据技术的一个重要组成部分,正朝着智能化方向发展,我们将越来越多地使用拥有大脑的数据可视化工具,它为我们提供理想的解决方案,让生活更加轻松。

到底是什么样的智能工具呢?

它采用增强分析并依托于嵌入式机器学习,能够帮助你完成从数据准备一直到分析和传达信息的所有步骤。它采取交互式数据可视化,让您能够快速、轻松地提出问题并获得解答,以便搜索所需的信息并直接获取数据。

支持使用人类语言与数据源进行交互的自然语言接口。它提供丰富的选项,让你能够决定最佳的图形呈现方式或根据数据结果自动提出建议。它提供主动分析的移动数据可视化应用,在你不具备任何高级技能(包括编码知识)的情况下,帮助你得到预测性的分析,确定模式并预测未来的结果和趋势。它提供个性化助手,随时随地了解和满足你的个性化需求,从而让生活变得更轻松。

这太美妙了!

总的来说,智能数据可视化工具具有简便易用、自助灵活、丰富互联的特点。

第六章 改变人们的生活场景与思维方式

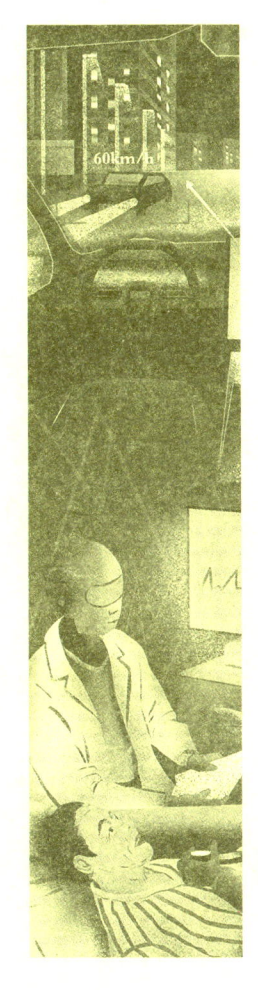

第六章 改变人们的生活场景与思维方式

① 大数据时代的大变革

韩爷爷，我们知道了什么是大数据和大数据的发展过程，那为什么会把当今社会称为大数据时代呢？

这是因为大数据开启了一次人类生活、工作与思维的大变革。人类是数据的创造者和使用者，自结绳记事起它就已慢慢产生。随着计算机和互联网的广泛应用，人类产生、创造的数据量呈爆炸式增长。

人类采集、存储和处理数据的能力大幅提升，使得数据应用渗透到我们生活的每个角落。数据智慧开启、人们的思维方式，以及生产和生活方式随之发生深刻改变。

为什么这么说呢！

农耕代表古代文明，工业代表现代文明，大数据也代表和催生了一种全新的文明形态。就像科学家发明了望远镜，让人们能够看到更遥远而广阔的宇宙，感受到宇宙的浩瀚；科学家发明了显微镜，让人们能够看到更微观的世界。

大数据以一种前所未有的方式，通过对海量数据进行快速处理和分析，获得了具有巨大价值的产品和服务，同时对未知世界也有了更深刻的认识和洞见。大数据正在改变我们的思维方式、生产方式、科研方式、生活方式，也在改变人们理解世界的方式。

113

❷ 准确的天气预报

韩爷爷,大数据可以在许多领域帮助我们改善生活,您能讲讲吗?

你现在是不是感觉天气预报越来越精准了?

是呀!现在的天气预报不仅有每天预报还有小时预报,还有15天甚至更长时间的预报,不仅有每个城市的预报还可以精准到区呢!

气象数据的准确性依赖于多种技术和方法,其中大数据技术是提高气象预报准确性的一种手段。气象预报的准确性主要取决于对大气物理过程的正确描述、数值预报模式的分辨率、初始场的准确性等因素。

大数据技术的深入应用能够提高气象预报的准确性、优化预报模型和提升预报精度。例如,人工智能技术被引入到数值模式的后处理中,进行偏差订正,通过对海量的数值天气预报模型预报数据和大量的气象观测数据进行"再解读",实现客观气象预报的"再订正",从而提高预报的精准度。

此外,气象预报的准确性还依赖于数值预报模式的不断改进与数据时空密度和精准度的提高,包括算法的优化、物理过程的更精确描述、更密集的数据收集和处理等技术。这些努力共同作用,使得气象预报能够更准确地预测未来的天气状况。

③ 精准农业得到发展

"民以食为天",大数据在农业生产领域发挥了什么作用呢?

粮食是人类赖以生存发展的基础,几千年以来人类与大自然的抗争一直未有停歇。如今科学家正在利用大数据手段,来破解提高粮食生产水平这一困扰人类上千年的生存难题。

这是一个了不起的工作呀!那他们是怎么做的呢?

气象数据是农业生产必不可少的。实际上早在夏商周时期,中国人就已经通过数据来指导农业生产了,只不过这些数据来源于漫长岁月的经验积累,我们所熟知的二十四节气就是这种经验数据所凝结而成的。

而现在人们利用大数据技术,使得现在的天气预报越来越精准,再通过智能探测、智能预报、智慧服务、智慧防灾等综合的大数据集成服务系统,帮助农民了解农产品生产关键时段的气象条件,及时做好极端天气防范准备,也能够帮助他们节省开支,减少损失。

除精准的气象数据以外,大数据技术通过收集土壤养分、农作物需求等数据,并进行深入分析,可以实现精准地给予农田所需的水、肥、药物等,千百年来靠天吃饭的传统农业模式正在悄然改变,无论是育种还是农作物生长的全周期,或是收获的时间节点,大数据都能够为其提供帮助。

漫话大数据

❹ 现代化的养猪场

我特别喜欢吃猪肉,那么大数据能不能帮助养猪的农民呢?

给你介绍一个现代化的养猪场,那里正是利用大数据手段来养殖高品质的生猪。

整个养猪场建设有大数据管理系统,配套建设智能饲料生产系统、智能饲料输送系统、智能消毒控制系统等,根据生猪体重、品种和市场需求等精准投喂饲料,产生的废弃物等也有专门回收系统进行处理,更神奇的是通过大数据监测体系,选育出能够给老百姓提供更多的瘦肉、更多的排骨、更少的肥肉、口感更好的猪肉。

您快说说!

科研人员首先通过追踪猪的父系族谱和母系族谱数据避免近亲繁殖。为了选拔出品质顶级的"猪新郎",科研人员给公猪做计算机体层扫描(computed tomography,CT),每头公猪通过CT会产生300多张切片照片,通过这些切片照片,分析种猪的瘦肉率、骨重、骨肋数、肌间脂、背膘厚度等重要的生理性能,从而确定这头公猪能否作为引种的公猪。

同时,通过射频耳标采集母猪每天的进食量、长肉量、转栏产仔情况等数据,通过分析最终将吃料少、长肉快、产仔多、母性强的母猪筛选出来,组成了庞大的"新娘团"。在大数据监测体系的帮助下,优质种猪被选出来,最终服务老百姓的菜篮子。

大数据的应用如此深入真是不可思议!

5 机器给人看病

大数据能够帮助我们提高医疗水平吗?

在中国很多患者的心目中,看病要找专家,对吧?

是呀!因为他们更有经验!

实际上,专家的经验就是一个病例数据的学习和积累的过程,让专家的技术可复制,大数据技术起着至关重要的作用。现在科学家正在研究让机器学习专家的诊断经验。

让机器给人看病吗?

读懂病人的基本信息和检查结果对于机器来说没有难度,然而因为人体结构很复杂,医疗数据也很复杂,它里面包含了结构化数据,比如说一些检查单、检验单;同时,还有一些非结构化的数据,比如说医生的诊断报告、影像报告、影像图片等。读懂抽象的医学影像对于机器来说是很难的。

为了解决这个问题,科学家让机器学习了很多医学的文献、标准、医生的诊断报告,并给特征数据(如发病诱因、发病时间等)打上不同的标签,这样就将医生诊断报告中的词语和病人的影片相关联,当机器再看到病人的片子时,就会反映出这些标记的关键词语,从而实现机器读懂病人的影像资料。当机器学习到更多专家的诊断经验后,它就会变得越来越聪明。

原来大数据带来了医疗水平的飞跃!

6 数字3D导航的高难度手术

看病的问题可以解决,那么更大的挑战是如何完成高难度的手术?

是呀!做1万个小时的手术,才能磨炼出一位优秀的外科医生。而在中国一个县级市的基层医院要想达到这个目标则需要20年,因此优秀的外科医生的数量非常有限,面对中国庞大的人口基数所带来的就医压力,科学家需要一种新的方式帮助到更多基层医院的医生。

那是什么方式呢?

这就是目前世界上较为先进的手术方式,采用了数字3D导航技术开展手术,让大数据技术发挥了巨大作用。

这是什么技术呢?

计算机首先读取器官的二维医学影像数据,然后根据数据进行三维建模,构建一个完整的病人器官的三维模型,借助这个模型,医生可以预先完成手术模拟,即做一个术前数字模拟手术。

也就是说,在手术进行之前,医生通过模拟系统进行模拟手术操作,机器会记录医生的模拟操作步骤,当进行真正手术的时候,机器会根据之前医生手术的步骤,通过三维的形式进行导航指引,从而能够更加精准地完成一场手术。同时,医生精湛的技术也会被机器完整记录下来,由此能够指导更多的基层医院的医生完成高难度的手术,从而让患者接受手术更安全,让医生进行手术更有效。

7 传统工业焕发出新生命力

大数据技术是不是能够帮助传统工业更快的发展呢?

大数据技术对于传统工业的影响无疑是深远的,甚至是颠覆性的。就像冷兵器时代向热兵器时代过渡一样,搭上大数据的快车,传统工业从此走上了智能制造的新道路。

有这么大的影响吗?您快说说!

最大的亮点来自智能工厂和工业互联网。智能工厂是智能工业发展的新方向,以产品全生命周期的相关数据为基础,在计算机虚拟环境中,对整个生产过程进行仿真、评估和优化,并进一步扩展到整个产品生命周期的新型生产组织方式。

工业互联网以网络为基础、以平台为中枢、以数据为要素、以安全为保障,既是工业数字化、网络化、智能化转型的基础设施,也是互联网、大数据、人工智能与实体经济深度融合的应用模式,作为新一代信息技术与传统制造业深度融合的产物,已经成为新工业革命的关键支撑和深化"互联网+先进制造业"的重要基石。

原来传统工业与大数据技术结合焕发了新的生命力呀!

是的!数字化加上互联网,大数据就可以进入到传统工业,无论是企业的经营决策,还是设备本身的智能化;无论是制造过程的智能化还是售后服务过程的智能化,方方面面都会给传统工业带来很大提升。

⑧ 汽车设计的新利器

大数据在工业领域还有哪些特别的用途呢?

那我们讲讲汽车领域,先说说汽车设计吧!以前汽车设计师都是根据自己的经验和审美完成一款车型的设计,然而并不是每一款汽车都能够得到消费者的认可。

大数据技术能帮上忙吗?

现在汽车设计师开始正式工作前,并没有打开图纸,也没有参考其他设计方案,而是对各种车型的使用点评数据进行分析,从而了解当前市场上用户整体的情况。

车联网技术可以对之后生产的汽车进行精准调校,还能为车主提供更优质的服务。同样,与以往的汽车设计不同,虚拟试验场通过大数据技术,模拟各种实际情况,在汽车的设计阶段预测汽车的各种性能。

例如:用三维数字路面建模,模拟实际道路的各种情况;用轮胎测试模型,模拟和分析轮胎在各种路况和驾驶条件下的反应;整车多体动力学建模和优化,可以模拟整车在不同工况下的动力学行为,为优化车辆操控性和驾驶舒适性提供依据;六分力试验,通过仿真技术精确测量和优化汽车的六个基本力,以提高汽车的稳定性和控制性;耐久虚拟仿真,模拟长期使用和恶劣环境下的情况,预测汽车的耐用性和可靠性。

第六章 改变人们的生活场景与思维方式

⑨ "萝卜快跑"跑出了未来

武汉的"萝卜快跑"很有名,这也是大数据技术的应用成果吧?

武汉的"萝卜快跑"无人驾驶出租车引发大众广泛关注,成为广受乘客欢迎的网红打卡项目,"打无人车、逛大武汉"已经成为武汉独特的景观。

"萝卜快跑"是什么呢?

"萝卜快跑"是百度旗下自动驾驶出行服务平台,主要使用自动驾驶汽车开展自动驾驶甚至完全无人驾驶运营,拥有中国首个自动驾驶商业化出行试点服务,开启了多车型服务、全国多地运营,开启夜间载人测试运营、多地商业化探索。

在大数据技术的支持下,汽车自动驾驶从最初的辅助驾驶发展到限定场景的自动驾驶,又发展到全自动无人驾驶。自动驾驶技术经受住了实际运行的考验,并且获得了有商业价值的市场认可。

自动驾驶汽车听起来很厉害!

自动驾驶汽车利用车载传感器实时采集数据,感知车辆周围的环境,就像人的眼睛一样,感知所获得的道路车辆位置和障碍物信息;同时也学习仿照人类神经系统控制车辆的转向和速度,计算机是它的大脑,做出各种判定和行动指令,而汽车的执行部件就相当于人的四肢,需要能够快速地明白大脑的指令,并更好地完成。

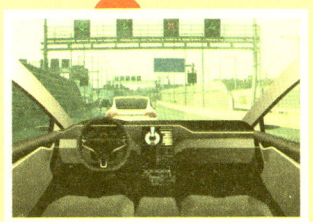

121

10 调控城市的交通出行

大数据是不是也参与了我们的城市交通管理呢?

交通出行与每位市民都息息相关。借助大数据技术帮助城市交通管理,让复杂的城市交通状况变得简单、畅通、安全、有序。

改变首先来自城市交通规划:传统的城市交通规划,靠的是人工的方式,周期很长,采样率低,效果也差,通过大数据技术手段可以非常精准地掌握人流和车流的情况、出行人群的时间分布、轨迹分布等,在此基础上规划城市道路,比如确定路该怎么修,修多少比较合适,也可以规划公共交通,比如公共汽车该如何定班、定点、定线等。这样精细的规划方案当然可以使整个系统的效率提高。

还有什么呢?

还有道路交通的管理设施设备。比如智能的交通红绿灯由"车等灯"变成"灯看车",交通信号灯实现智能感知、自动调控,依托大数据技术设计实施更加精细、灵活的信号灯配时方案。

运用视频采集与分析相关技术,实现道路交通管理的数字化、可视化,并可以通过智能巡检终端,提高设施设备故障、隐患的发现与排除效率。在出行的高峰时段我们希望不用再排起长龙、焦急等待,这个在以前可望而不可即的愿景也许未来会变成现实。

那可太好了!

第六章 改变人们的生活场景与思维方式

11 大数据打造智慧城市

大数据技术在城市管理的各个领域都可以发挥很多作用吗?

随着大数据技术的不断发展和成熟,其在智慧城市建设中的应用场景也日益广泛。这些技术的融合应用,不仅为城市的数字化转型提供了强大的支撑,也为城市的发展带来了无限的可能。

那您再详细说说吧!

一是,通过数字技术的广泛应用,城市治理将实现从传统模式向数字化、智能化的转变。无论是交通管理、环境保护还是公共安全,都帮助政府更精准地把握市民的需求,更迅速地做出决策,并更有效地执行政策。

二是,城市所产生的海量数据资源,包括交通流量、环境监测、人口分布等,不仅具有巨大的商业价值,更是推动创新的重要资产。企业可以基于这些数据资源开发新的应用和服务,推动产业升级和创新发展。

三是,智能环境监测和预警系统可以帮助城市及时发现并解决环境问题,提高居住质量;智能交通系统可以优化交通流量,减少拥堵和污染,提升出行体验;智慧医疗系统可以为市民提供更加便捷、高效的医疗服务,保障市民的健康和安全。这些数字化转型带来的改善将使城市变得更加宜居、更有吸引力,为市民提供更好的生活环境。

打造更宜居的智慧城市也要靠大数据技术!

12 改变商业生态的大数据

现在购物网站可以买到各种各样的商品,这里有没有大数据技术的作用呢?

有的。大数据技术也带来了商业生态的改变。购物网站就是提供网络购物的站点,也为买卖双方交易提供互联网平台,卖家可以在网站上登出其想出售商品的信息,买家可以从中选择并购买自己需要的商品,足不出户就能轻松购物。

而其中最重要的功能就是在大数据技术的支持下进行信息交互。

网上购物确实很方便,已经很长时间没有去商场购物了!

这就是商业生态发生了变化,电子商务替代了一部分的实体交易,减少人力、物力,降低了成本,同时突破了时间和空间的限制,使得交易活动可以在任何时间、任何地点进行,从而大大提高了效率。

对实体企业会不会也有影响呢?

大数据技术带来了电子商务的发展,实体企业也会随之变化。一方面大数据可以捕捉客户的细微行为,使企业能够开展更有针对性的服务活动;另一方面降低商业成本,企业可以根据大数据分析来显著提升预测和计划的准确性,可以决定何时生产、生产多少,以及手头有多少库存;同时,还可以帮助企业提高物流效率,让物流速度越来越快,物流成本逐渐降低。

⑬ 更便捷、更高效的快递物流

您提到快递物流的发展，大数据、人工智能等新技术将如何助力快递物流"加速跑"呢？

快递物流服务千家万户，连接千城百业，是大数据技术应用的重要阵地。智能仓储、智能分拣、无人机（无人车）递送等新装备的应用，"次日达""小时达""分钟达"的高速度、高效率，都离不开大数据技术的支持。

无人机、无人车进行快递运输和配送已经听说很多了。

我国快递业实现高速发展，主要得益于大数据、人工智能等新技术的发展与应用。2023年，全国重点地区快递服务全程时限已经达到56.42小时，同比缩短2.4小时，快递物流变得越来越精准、顺畅、通达。

为了提升效率，技术人员在大数据的基础上不断研发高精度预测和智能调度系统，以提升供需匹配度和资源利用率；不断研发机器视觉系统，降低包裹错分率；不断提高仓储的智能化水平，高速分拣机、搬运机器人等智能硬件设备也越来越常见；自动作业、自动避让、自动充电的智能拣选机器人被更广泛地利用。

以前是包裹在流动，现在是数据抢在包裹前面流动。通过大数据分析和人工智能技术可以提前预测包裹流量，实现车辆、人员调配的智能决策，快递效率直线上升，物流成本大大降低。

14 助力中国商品走向世界的大数据

大数据技术也在帮助中国商品走向世界吗?

现在人们除了消费本土商品,也在享用着越来越多的来自世界各地的丰富物产,而且世界各地的人们也越来越喜欢中国制造的商品,构建全球的跨境商业平台,也正在助力中国商品走向世界。

世界各地的人们有不同的文化风俗、不同的生活环境,怎么才能让全世界的人们了解中国商品呢?

中国的数据专家与国外的数据专家对接,让数据在合理合规的情况下跨境流动,从而实现中国商品的精准营销。

商品营销其实是大数据技术最早运用的领域,根据客户的具体需求,将有不同消费习惯和消费特点的客户进行分类管理。大数据技术进一步激活精准营销的能量,与传统广告大面积曝光的粗放式投放相比,大数据让广告的投放更加讲求高效和精准,使之进入千家万户。而跨境商业平台要做的就是将国产大数据精准营销系统与国外大数据精准营销系统精准融合,最终将中国商品通过互联网推销到海外。

同时,中国从世界工厂到世界市场,全球更多的国家希望与中国建立一个便捷的贸易通道,跨境商业平台也逐步成为这样一个桥梁,不仅满足各国消费者的商品需求,还促进各国间的文化交流。

15 大数据信用评估建立起信任的纽带

大数据对银行金融行业是不是也有比较大的影响呢？

在传统的银行金融行业，无论是现金催收还是财务管理，无论是识别欺诈还是简化交易，大数据都让银行金融行业更有效率。

比如，银行在日常工作中会对申请贷款的企业进行贷前调查，以前在做贷前调查时最大的问题就是所有的信息都是由客户来提供的，它的真实性和可靠性不好判断。然而，基于大数据技术的银行风险控制系统就能很好地解决这个问题，把公开的海量数据汇聚起来，进行分析加工，最终给银行一个准确客观的分析结果，快速分析出企业多维度的风险状况。同时，大数据技术通过建立信用评价体系还催生了如共享经济等新的经济模式。

信用评价体系是什么？如何催生共享经济新模式呢？

信用评价体系也称为信用评估体系，是以一套相关指标体系为考量基础，标示出个人或企业偿付其债务能力和意愿的过程。

在大数据技术支持下，将一个人的身份特征、信用历史、履约能力等方面进行综合评分，利用算法技术精确地评估出用户在不同商业场景中的守约行为，最终输出该用户的守约画像。而信用评估可以作为共享经济买卖双方建立信任的纽带，从而帮助买卖双方达成交易的同时有效控制风险。

16 大数据助力优质教育均衡发展

教育的平等性和普适性是我们国家一直努力的目标,那么大数据能不能助力这个目标的实现呢?

是的,我国一直在努力建设国家智慧教育平台。

在基础教育阶段,过去我国西部地区的优质教育资源总量不足、教育发展不平衡、区域城乡校际差距较大等问题突出,而在大数据技术支持下,各类应用协同服务的平台体系逐渐建成,西部山区的孩子们"在家门口上一所好学校"不再是遥远的梦想。

在职业教育阶段,虚拟仿真实训基地的建设推动职业院校技术技能人才实训教学模式创新,学校借助虚拟仿真实训技术,让学生在实训课程中感受到全流程场景化再现。依托信息技术,推动教育教学深层次变革,打通了从学校到产业的"最后一公里"。

2023年,中国"国家智慧教育平台"项目获得了2022年度联合国教科文组织教育信息化奖,向世界展示了如何利用数字技术使教学和学习更加普及,为全球数字教育变革提供了有益经验。从这个角度来看,中国教育数字化战略行动在世界范围内的独特价值和深远意义愈发凸显。

那真是太棒了!

17 科学研究和技术创新的第四范式

大数据技术对科学研究和技术创新领域有什么重要的作用呢？

大数据技术在科学研究和技术创新领域也得以广泛运用，而且形成了以数据为中心，由计算平台、数据加工、处理与分享工具、算法与模型库等一系列科学研究方式构成的科学研究和技术创新的第四范式。

什么是科学研究和技术创新的第四范式？

在数千年的人类文明史上科学研究和技术创新有过几次研究范式的重大变化：第一范式是经验范式，以观察和实验为依据。

第二范式是以建模和归纳为基础的理论学科和分析范式，又称为理论范式。第三范式是以模拟复杂现象为基础的计算科学范式，又称为模拟范式。第四范式是以数据考察为基础，结合理论、实验和模拟于一体的数据密集计算的范式。在第四范式下，数据成为科研的关键成果和重要资源，科研步入了数据密集型时代。面对海量的数据和海量的数据需求，如何存储、管理、共享这些科学数据，成为全球科学家关注的热点。

第四范式的出现标志着科研方法发生重大转变，从过去主要依赖实验、理论和计算模拟，到现在更多地依赖于对大数据的分析、挖掘和应用。这种转变不仅改变了科学家的工作方式，更改变了他们的思维方式。

18 全体样本还是随机样本？

韩爷爷，大数据是怎样改变人们的思维方式的呢？

在没有大数据技术的"小数据"时代，准确分析大量数据对于人们而言是一种挑战，人们普遍认为与大量数据打交道是一件困难的事，为了让数据分析更简单，人们会把数据量缩减到最小，所以统计学家发明了随机抽样的方式。

随机抽样的方式在我们生活中常常被采用！

统计学家证明，采样分析的精确性随着采样随机性的增加而大幅度提高，通过收集随机样本，人们可以用较小的花费做出高精准度的判断。

随机采样成为现代社会、现代测量领域的主流，但这只是一条捷径，是在不可能收集和分析全部数据的情况下做出的选择，它本身仍然存在一些缺陷。

然而，在大数据时代，当数据处理技术能够处理海量数据的时候，许多领域从过去收集处理部分数据到收集处理尽可能多的数据，人们的思维方式也逐渐从随机样本转变为全体样本，利用所有的数据，而不再仅仅依靠一小部分数据，从而实现随机采样方式几乎无法达到的效果。

原来真的有很大改变。

第六章 改变人们的生活场景与思维方式

 精确性还是混杂性？

 韩爷爷，大数据改变人们的思维方式还有哪些表现呢？

在没有大数据技术的"小数据"时代，因为收集的信息量较小，意味着微小的错误会被放大，甚至影响整个结果的准确性，所以必须确保记录的数据尽量精确。

 无论是天文学中确定天体的位置，还是生物学中观察显微镜下的微生物大小，科学家都提出对于精度的苛刻要求，必须保证收集到的有限信息的精确性。因此，对于"小数据"而言，精确性是最基本和最重要的要求，必须采取各种办法来减少错误数据，保证数据质量。

 数据的精确性要求在我们生活和工作中常常见到！

而随着数据量越来越大，为了获得更广泛的数据而牺牲了一些精确性，允许不精确的出现已经成为大数据的一个新特点而不是必须克服的缺点。

 因为大数据通常用概率说话，而不是刻板的"确凿无疑"，所以我们的思维方式要适应这样的不确定性，学会拥抱"混杂性"。

原来这方面也有很多改变呀！

⑳ 更为重要的相关关系

 大数据改变人们的思维方式还有其他的表现吗?

 科学家的研究总是希望能够通过一些事物之间的相关关系寻找到内部的因果关系,发现变量之间在行为机制上的依赖性。

 但是,在没有大数据技术的"小数据"时代,相关关系的分析和因果关系的分析都不容易,一般需要通过建立假设然后用实验等方法来分析证明,这些分析往往受到偏见的影响而且耗费巨大。

 大数据能改变这种情况吗?

 在大数据时代,强大的数据采集和分析能力为科学家提供了一系列新的视野,我们发现了过去不容易发现的相关关系,看到了过去不曾注意到的联系,还掌握了以前无法理解的复杂技术和社会动态。

 更重要的是复杂的相关关系帮助我们更好地了解了这个世界,最后我们的思维方式也发生了转变,人们探索事物本质的重点变成了"是什么?"而不仅仅是难以琢磨的"为什么?"。

 这真神奇呀!

第七章 大数据时代的数据安全保护

第七章 大数据时代的数据安全保护

① 大数据时代的数据安全很重要

韩爷爷,当今社会被称为大数据时代,保护数据安全是不是很重要呢?

是的,当前大数据正在成为信息时代的核心战略资源,对国家治理能力、经济运行机制、社会生活方式产生深刻影响。与此同时,各项技术应用背后的数据安全风险也日益凸显。

近年来,有关数据泄露、数据窃听、数据滥用等安全事件屡见不鲜,保护数据资产已引起各国高度重视。我国数字经济进入快车道,保护数据安全,提升全社会的"安全感",已成为普遍关注的问题。

那数据安全的定义是什么呢!

2021年6月我国颁布的《中华人民共和国数据安全法》中对数据安全给出的定义是:通过采取必要措施,确保数据处于有效保护和合法利用的状态,以及具备保障持续安全状态的能力。《中华人民共和国数据安全法》指出:国家保护个人、组织与数据有关的权益,鼓励数据依法合理有效利用,保障数据依法有序自由流动,促进以数据为关键要素的数字经济发展。

开展数据处理活动,应当遵守法律、法规,尊重社会公德和伦理,遵守商业道德和职业道德,诚实守信,履行数据安全保护义务,承担社会责任,不得危害国家安全、公共利益,不得损害个人、组织的合法权益。

原来是这样呀!

135

❷ 世界各国的数据安全相关法律

世界各国都很重视数据安全法律体系的建设吗?

是的。比如,美国的数据安全法律可以追溯到20世纪70年代。1974年,美国通过了《隐私法案》(Privacy Act),这是美国第一部关于个人隐私保护的法律,该法规定了联邦政府机构在收集、使用和披露个人信息时应遵循的原则和程序,为个人隐私保护提供了基本的法律框架。

1986年,美国通过了《电子通信隐私法》(Electronic Communications Privacy Act, ECPA),规定了电信服务提供商在保护用户通信隐私方面的责任和义务。1988年,美国还制定了一系列其他法律法规,如《网上儿童隐私保护法》(Children's Online Privacy Protection Act, COPPA)等,以保护特定领域的个人隐私。

此外,美国还制定了一系列相关法律法规,加强对数据安全的监管,并保护关键基础设施免受网络攻击。

那么其他国家呢?

欧盟在2018年5月生效的《通用数据保护条例》(General Data Protection Regulation, GDPR)规定了个人数据处理的基本要求、责任和义务,以及个人数据保护、隐私保护等方面的内容。日本和新加坡等国家也相继颁布了《个人信息保护法》《个人数据保护法》等法律法规,为数据安全和隐私保护提供了法律依据和标准。

看来世界各国都很重视保护数据安全。

第七章 大数据时代的数据安全保护

3 我国的数据安全相关法律

韩爷爷，我国是不是已经有了关于保护数据安全的法律呢？

是的。我国已经颁布了《中华人民共和国网络安全法》、《中华人民共和国密码法》、《中华人民共和国数据安全法》、《关键信息基础设施安全保护条例》和《中华人民共和国个人信息保护法》等一大批与保护数据安全相关的法律，从国家法律的层面保护数据安全。

我国有这么多法律了，您简单讲讲吧！

例如：我国从2017年6月1日起施行的《中华人民共和国网络安全法》，建立了国家网络安全的一系列基本制度，具有全局性、基础性的特点，是推动防范重大风险的强大基石；我国从2020年1月1日起施行的《中华人民共和国密码法》，规范了密码应用和管理。

我国从2021年9月1日起施行的《中华人民共和国数据安全法》，以贯彻总体国家安全观的目的作为出发点，以数据治理中最为重要的安全问题作为切入点，抓住了数据安全的主要矛盾和平衡点，是我国数据安全领域的一部重要基础性法律；2021年9月1日起我国正式施行的《中华人民共和国网络安全法》的重要配套法规《关键信息基础设施安全保护条例》，为建立健全关键信息基础设施安全保护体系提供了更具有操作性的法律依据。

我国从2021年11月1日起施行的《中华人民共和国个人信息保护法》，旨在保护个人信息权益、规范个人信息处理活动、促进个人信息合理利用。

保护我们的数据安全有法可依了！

137

4 数据安全风险的类型

数据安全是非常重要的,那么到底有哪些数据安全风险呢?

一是数据泄露风险,在大数据时代数据泄露可能发生在个人或任何规模的组织机构、团体和单位,也可能发生在国家层面,是数据安全面临的最主要威胁类型之一。

这确实是非常严重的安全风险!

二是数据破坏,一方面是通过非法获得访问权限后篡改数据造成数据破坏,另一方面是系统或设备感染病毒、蠕虫等恶意代码导致数据破坏。同时,存储设备损坏或人为操作失误等都可以造成数据损坏或丢失。

三是数据失控,特别是在云计算模式下,系统的物理边界、数据传播边界和安全管理边界不确定,可能造成预先设定的数据访问控制策略失效。另外,在人工智能和大模型应用中,模型预训练、模型微调、知识嵌入(增强)等过程也可能造成数据失控。四是数据滥用,包括数据被非法使用、被非授权使用或越权使用、数据不可溯源和不可追踪。五是数据勒索,数据成为不法分子实施敲诈勒索的工具,给数据拥有者带来无法承受的重大损失。

六是数据霸权,部分国家利用其技术先发优势和掌握的庞大数据资源,对其他国家或地区实施威胁、恐吓、讹诈甚至破坏。

原来有这么多的数据安全风险呀!

第七章 大数据时代的数据安全保护

严重的数据泄露事件

那么过去是不是发生过比较严重的数据泄露事件呢?

是的,例如,2013年8月,世界著名的雅虎公司发生了数据泄露事件,影响了在雅虎注册的约10亿个账户,后来影响扩大到约30亿个账户,该事件影响了雅虎电子邮件账户和其他公司服务。黑客获取了雅虎用户的姓名、出生日期、电话号码和密码,以及用于重置密码的安全问题和电子邮件地址。

2017年8月,一个名为Onliner Spambot的垃圾邮件机器人被发现,至少有约7.11亿条记录被暴露,其中包括电子邮件地址和密码。在被发现之前,Onliner Spambot通过窃取数据的特洛伊木马传播了至少一年。

2018年1月,印度公民身份数据库Aadhaar遭到入侵,约11亿印度公民的记录被曝光。当时仅向黑客支付约500印度卢比就能获得访问数据库的账号密码,可未经授权访问数据库,获取包括姓名、生日、电子邮件地址、电话号码和邮政编码等信息,并且仅需300印度卢比就可以打印唯一的印度居民身份证。2019年5月,第一美国金融公司的8.85亿份文件在其官方网站上被泄露。

这些文件记录可以追溯到2003年,包括银行账户信息、社会安全号码、抵押贷款记录、纳税记录和驾驶执照图像,该网站不需要密码即可访问这些文件。

有这么严重呀!

6. 我国数据安全的基础法律《中华人民共和国数据安全法》

我国已经颁布实施的《中华人民共和国数据安全法》有什么重要意义呢？

2021年9月1日正式施行的《中华人民共和国数据安全法》是数据领域的基础性法律，也是国家安全领域的一部重要法律，标志着我国在数据安全领域有法可依，为各行业数据安全提供监管依据。

《中华人民共和国数据安全法》的宗旨是什么呢？

《中华人民共和国数据安全法》的宗旨是规范数据处理活动，保障数据安全，促进数据开发利用，保护个人、组织的合法权益，维护国家主权、安全和发展利益。

该法规定了国家统筹发展和安全，坚持以数据开发利用和产业发展促进数据安全，以数据安全保障数据开发利用和产业发展；国家实施大数据战略，推进数据基础设施建设，鼓励和支持数据在各行业、各领域的创新应用。

同时，该法也规定了国家建立数据分类分级保护制度，根据数据在经济社会发展中的重要程度，以及一旦遭到篡改、破坏、泄露或者非法获取、非法利用，对国家安全、公共利益或者个人、组织合法权益造成的危害程度，对数据实行分类分级保护，还规定了利用互联网等信息网络开展数据处理活动，应当在网络安全等级保护制度的基础上，履行数据安全保护义务，也明确了未履行数据安全保护义务，造成较大安全风险的相关法律责任。

第七章 大数据时代的数据安全保护

7 《中华人民共和国数据安全法》规定的保护制度体系

《中华人民共和国数据安全法》规定的保护制度体系是怎样的呢？

按照《中华人民共和国数据安全法》的规定，国家建立数据保护制度体系，包括：分类分级、应急处置、安全审查和出口管制四类。

您详细介绍一下吧！

第一类是分类分级：国家建立数据分类分级保护制度，根据数据在经济社会发展中的重要程度，以及一旦遭到篡改、破坏、泄露或者非法获取、非法利用，对国家安全、公共利益或者个人、组织合法权益造成的危害程度，对数据实行分类分级保护。

关系国家安全、国民经济命脉、重要民生、重大公共利益等数据属于国家核心数据，实行更加严格的管理制度。第二类是应急处置：国家建立数据安全应急处置机制。发生数据安全事件，有关主管部门应当依法启动应急预案，采取相应的应急处置措施，防止危害扩大，消除安全隐患，并及时向社会发布与公众有关的警示信息。

第三类是安全审查：国家建立数据安全审查制度，对影响或者可能影响国家安全的数据处理活动进行国家安全审查。第四类是出口管制：国家对与维护国家安全和利益、履行国际义务相关的属于管制物项的数据依法实施出口管制。

这些制度可以全面保护我们的数据安全了！

漫话大数据

8 《中华人民共和国数据安全法》规定的数据安全保护义务

《中华人民共和国数据安全法》规定了哪些数据安全保护义务呢?

《中华人民共和国数据安全法》规定,开展数据处理活动应当依照法律、法规的规定,建立健全全流程数据安全管理制度,组织开展数据安全教育培训,采取相应的技术措施和其他必要措施,保障数据安全。

利用互联网等信息网络开展数据处理活动,应当在网络安全等级保护制度的基础上,履行上述数据安全保护义务。也就是说,开展数据处理活动的主体有保护数据安全的法律义务。

这下明确了保护数据安全的主体义务了!

《中华人民共和国数据安全法》还规定:任何组织、个人收集数据,应当采取合法、正当的方式,不得窃取或者以其他非法方式获取数据;从事数据交易中介服务的机构提供服务,应当要求数据提供方说明数据来源,审核交易双方的身份,并留存审核、交易记录;法律、行政法规规定提供数据处理相关服务应当取得行政许可的,服务提供者应当依法取得许可。

对在履行职责中知悉的个人隐私、个人信息、商业秘密、保密商务信息等数据应当依法予以保密,不得泄露或者非法向他人提供;非经中华人民共和国主管机关批准,境内的组织、个人不得向外国司法或者执法机构提供存储于中华人民共和国境内的数据。

我们的数据安全保护义务更明确了!

9. 《中华人民共和国数据安全法》规定的法律责任

《中华人民共和国数据安全法》规定的法律责任有哪些？

首先是有关主管部门在履行数据安全监管职责中，发现数据处理活动存在较大安全风险的，可以按照规定的权限和程序对有关组织、个人进行约谈，并要求有关组织、个人采取措施进行整改，消除隐患。

其次是开展数据处理活动的组织、个人不履行《中华人民共和国数据安全法》第二十七条、第二十九条、第三十条规定的数据安全保护义务的，由有关主管部门责令改正，给予警告，可以并处五万元以上五十万元以下罚款，对直接负责的主管人员和其他直接责任人员可以处一万元以上十万元以下罚款；拒不改正或者造成大量数据泄露等严重后果的，处五十万元以上二百万元以下罚款，并可以责令暂停相关业务、停业整顿、吊销相关业务许可证或者吊销营业执照，对直接负责的主管人员和其他直接责任人员处五万元以上二十万元以下罚款。

还有哪些其他的行为呢？

例如：非法向境外提供重要数据的行为；从事数据交易中介服务的机构未履行说明数据来源、审核交易双方的身份，并留存审核、交易记录的行为；在公安机关、国家安全机关因依法维护国家安全或者侦查犯罪的需要调取数据时，拒不配合数据调取的行为。

国家机关不履行《中华人民共和国数据安全法》规定的数据安全保护义务的行为；履行数据安全监管职责的国家工作人员玩忽职守、滥用职权、徇私舞弊的行为；窃取或者以其他非法方式获取数据，开展数据处理活动排除、限制竞争，或者损害个人、组织合法权益的行为。以上这些都是违法行为，我们要加以制止！

原来是这样！

⑩ 《中华人民共和国个人信息保护法》的保护原则

您说到我国还颁布实施了《中华人民共和国个人信息保护法》，这个法律是不是也很重要呢？

是的。2021年11月1日起施行的《中华人民共和国个人信息保护法》进一步细化、完善个人信息保护应遵循的原则和个人信息处理规则，明确个人信息处理活动中的权利义务边界，健全个人信息保护工作体制机制。

太好了，其中有哪些重要的原则呢？

首先，确立了收集、使用个人信息时必须保护个人信息的基本原则。

这是构建个人信息保护具体规则的制度基础。处理个人信息应当遵循合法、正当、必要和诚信的原则；处理个人信息应当具有明确、合理的目的，并与处理目的直接相关，采取对个人权益影响最小的方式；收集个人信息应当遵循公开、透明规则，公开个人信息处理规则，明示处理的目的、方式和范围；处理个人信息应当保证个人信息的质量，避免因个人信息不准确、不完整对个人权益造成不利影响等。这些原则应当贯穿个人信息处理的全过程、各环节。

其次，规范处理活动保障权益，紧紧围绕规范个人信息处理活动、保障个人信息权益，确立以"告知-同意"为核心的个人信息处理一系列规则，要求处理个人信息应当在事先充分告知的前提下取得个人同意，并且个人有权撤回同意，重要事项发生变更的应当重新取得个人同意。

这样一来我们的个人信息有了更好的法律保护了！

11 禁止"大数据杀熟",规范自动化决策

我听说过大数据杀熟,对于这种现象,《中华人民共和国个人信息保护法》有没有做出什么规定呢?

是的。现在越来越多的企业利用大数据分析、评估消费者的个人特征用于商业营销。有一些企业通过掌握消费者的经济状况、消费习惯、对价格的敏感程度等信息,对消费者在交易价格等方面实行歧视性的差别待遇,误导、欺诈消费者。其中,最典型的就是社会反映突出的"大数据杀熟"。

一些商家并非依据商品本身的性质功能,而是根据消费者心理与行为分析结果对商品定价,使处于相同交易条件下的消费者面对的价格不同。这种大数据"杀熟"行为,违背公平诚信的原则,侵犯了《中华人民共和国消费者权益保护法》规定的消费者享有公平交易条件的权利,应当在法律上予以禁止。

对此,《中华人民共和国个人信息保护法》明确规定:个人信息处理者利用个人信息进行自动化决策,应当保证决策的透明度和结果公平、公正,不得对个人在交易价格等交易条件上实行不合理的差别待遇。

同时也确立了对应的法律责任,包括由履行个人信息保护职责的部门责令改正,给予警告,没收违法所得,对违法处理个人信息的应用程序,责令暂停或者终止提供服务,以及其他更严厉的处罚!

这太好了!

12 严格保护敏感个人信息

《中华人民共和国个人信息保护法》还有哪些比较重要的规定呢?

严格保护敏感个人信息也是《中华人民共和国个人信息保护法》的一大亮点。

《中华人民共和国个人信息保护法》将生物识别、宗教信仰、特定身份、医疗健康、金融账户、行踪轨迹等信息列为敏感个人信息,要求只有在具有特定的目的和充分的必要性,并采取严格保护措施的情形下,个人信息处理者方可处理敏感个人信息,同时应当事前进行个人信息保护影响评估,并向个人告知处理的必要性及对个人权益的影响。

这主要是考虑到此类信息一旦泄露或者被非法使用,极易导致自然人的人格尊严受到侵害或者人身、财产安全受到危害,因此,对处理敏感个人信息的事项应当作出更严格的限制。

保护敏感个人信息有了具体的规定!

值得关注的是,为保护未成年人的个人信息权益和身心健康,《中华人民共和国个人信息保护法》特别将不满十四周岁未成年人的个人信息确定为敏感个人信息予以严格保护。同时,与《中华人民共和国未成年人保护法》有关规定相衔接,要求处理不满十四周岁未成年人个人信息应当取得未成年人的父母或者其他监护人的同意,并应当制定专门的个人信息处理规则。

这样的考虑非常有必要!

第七章 大数据时代的数据安全保护

13 数据安全技术体系

有了国家法律体系的保护,还需要怎样的技术来保护数据安全呢?

科学家也正在对一些数据安全技术进行研究,主要从三个不同的维度逐步建立起一套数据安全技术体系。

分别是哪三个维度呢?

一是支撑数据全生命周期安全的技术体系,就是从数据产生、采集、传输、交换、存储、分析、使用、共享、一直到最后销毁等环节,建立特定的安全技术来确保其安全性。

二是支撑数据跨境跨域流动安全的技术体系,这一技术体系主要聚焦于数据确权、共享和交易等场景,特别是涉及跨境跨域流动时的安全需求。隐私计算、机密计算、可信共享交换和数据安全协同等技术,是保障数据跨境跨域流动安全的关键。三是支撑数据安全防护、数据安全治理和数据安全威慑这三大数据安全战略能力的技术体系,旨在确保数据在面对各类威胁时能够得到有效的保护。

数据安全防护侧重于保护金融等行业的重要数据免受内外部威胁;数据安全治理面向国家监管机构,确保数据处理活动符合法律法规要求;数据安全威慑由国家安全相关部门主导,防止高级持续性威胁和国家级攻击,维护国家数据主权和安全。

原来数据安全技术还有很多值得深入研究的问题呀!

14 数据管理中的安全技术——数据溯源

小河马： 数据管理中的安全技术有哪些呢?

博士： 比如数据溯源技术。这种技术是以数据为对象,对数据的起源、流动、变更进行跟踪和监督的技术。数据溯源技术有很多种,最常见的有区块链技术、编码技术、数字签名技术和数据审计技术等。

小河马： 您能简单介绍这几项技术分别是什么吗?

博士： 区块链技术是一种分布式账本技术,它可以实现对数据的可靠存储、安全访问和不可篡改追踪。采用区块链技术,可以有效地实现数据的可追溯性和安全性,并且能够更可靠地追踪数据的流动和变更。

博士： 编码技术是一种数据唯一标识技术,它可以将复杂的数据地址转换为可供人类理解的简单标识符。采用编码技术,可以有效地实现数据溯源,准确地追踪数据的流动和变更,大大增强了数据的可追溯性。数字签名技术是一种将数据的发送方和接收方识别出来的技术,它可以帮助用户防范数据安全风险。数字签名技术可以对数据的流动和变更进行安全记录,有助于企业保护数据的可追溯性。

博士： 最后是数据审计技术,它可以实现对数据变更和修改的有效审计,有助于企业更好地掌握数据的状态,有效降低数据管理和保护的风险。

小河马： 有了这些技术,数据管理和保护水平又可以提高了!

15 数据管理中的安全技术——数字水印

您能介绍一下数字水印技术吗?

这里先说一下数字水印,这是一种通过特定算法将特定信息嵌入到多媒体内容以实现文件真伪鉴别、版权保护等功能的技术。而数字水印技术是基于内容的、非密码机制的计算机信息隐藏技术。

数字水印技术有两种:一种是直接嵌入,将一些标识信息(即数字水印)直接嵌入数字载体当中(如多媒体、文档、软件等);另一种是间接表示,修改特定区域的结构,且不影响原载体的使用价值,也不容易被探知和再次修改,但可以被生产方识别和辨认。通过这些隐藏在载体中的信息,可以达到确认内容创建者、购买者、传送隐秘信息或者判断载体是否被篡改等目的。

数字水印技术的主要设计原则是什么呢?

数字水印技术是保护信息安全、实现防伪溯源、版权保护的有效方法,是信息隐藏技术研究领域的重要分支和研究方向。

数字水印技术的设计原则:一是嵌入的水印信息应当难以篡改、难以伪造;二是嵌入的水印信息不能影响宿主数据(保护对象)的可用性,或者导致可用性大大降低;三是数字水印技术要求具有不可移除性,即被嵌入的水印信息不容易甚至不可能被黑客移除;四是数字水印技术要求具有一定的鲁棒性,在对嵌入后的数据进行特定操作后,所嵌入的水印信息不能因为特定操作而磨灭。

16 数据管理中的安全技术——数据脱敏

您能再介绍一下数据脱敏技术吗?

数据脱敏技术是指从原始环境向目标环境进行敏感数据交换的过程中,通过一定方法消除原始环境数据中的敏感信息,并保留目标环境业务所需的数据特征或内容的数据处理技术。

既能够保障数据中的敏感数据不被泄露,又能保证数据可用性的特性,使得数据脱敏技术成为解决数据安全与数据经济发展问题的重要工具。

数据脱敏技术有哪些常用的处理方法呢?

数据脱敏技术常用的方法有以下五种。第一种是仿真,即根据敏感数据的原始内容生成符合原始数据编码和校验规则的新数据,使用相同含义的数据替换原有的敏感数据,例如,姓名脱敏后仍然为有意义的姓名,住址脱敏后仍然为住址。仿真算法能够保证脱敏后数据的业务属性和关联关系,从而具备较好的可用性。

第二种是数据替换,即用某种规律字符对敏感内容进行替换,从而破坏数据的可读性,并不保留原有语义和格式,例如特殊字符、随机字符、固定值字符等。第三种是加密,即通过加密算法对完整的数据进行加密。第四种是数据截取,是指对原始数据选取部分内容进行截取。第五种是数据混淆,混淆算法是将敏感数据的内容进行无规则打乱,从而在隐藏敏感数据的同时能够保持原始数据的组成方式。

第七章　大数据时代的数据安全保护

⒄ 数据管理中的安全技术——防止DDoS攻击

您能再介绍一下防止DDoS攻击的技术吗?

DDoS（distributed denial of service）的意思是"分布式拒绝服务"，也就是能导致合法用户不能够正常访问网络服务的行为，都算是拒绝服务攻击，是一种恶意的网络攻击行为。

这是什么意思呢？

就是要阻止合法用户对正常网络资源的访问，从而达到攻击者不可告人的目的。从直接动机上来看，攻击者使用DDoS攻击的主要目标有三种：第一种是耗尽服务器性能如内存、CPU、缓存等资源，导致服务中断；第二种是阻塞网络带宽，导致大量丢包，影响正常业务；第三种是攻击防火墙等网络设施。

面对这样的攻击，我们应该怎么办呢？

防止DDoS攻击最主要的办法是加强预防，采用更加严密的防护技术，制定更加严格的网络防护标准。

例如：每台网络设备或者主机都需要随时更新其系统漏洞、关闭不需要的服务、安装必要的防毒和防火墙软件、随时注意系统安全，避免被DDoS程序植入攻击程序，成为黑客攻击的帮凶。同时，网管技术人员需要加强技术合作、保持警惕性、有效预警和防止DDoS攻击，比如在一些网络节点上放置感应器，在侦测到突然的巨大流量时，提早采取警告和隔绝DDoS受害区域等措施，降低受害程度。

18 数据管理中的安全技术——防止木马病毒

您能再介绍一下防止木马病毒的技术吗？

木马病毒成了数据安全领域的一个不容忽视的威胁。木马病毒是一种隐藏在正常程序中的恶意软件，它能够在用户不知情的情况下执行非法操作，如窃取用户信息、破坏系统文件、篡改数据等。

木马病毒通常通过伪装成合法软件、利用系统漏洞、通过恶意链接或者附件传播等方式侵入用户计算机，一旦木马病毒成功侵入系统，它就能够窃取敏感数据，如用户个人信息、商业机密等，还可能破坏系统的正常运行，导致数据丢失、系统崩溃等严重后果。

被木马病毒感染的系统会有什么症状呢？

其症状包括：电脑经常死机，文件打不开，系统经常报告内存不足，电脑提示硬盘剩余空间不足，大量来历不明的文件出现，数据无端丢失，系统运行速度变慢，操作系统自动执行操作等。

那我们应该怎么防止木马病毒呢？

最主要的办法是加强预防，例如：为计算机安装杀毒软件，定期扫描系统、查杀病毒；及时更新病毒库、更新系统补丁；不随便打开不明网页链接和接收来历不明的文件；对计算机系统的各个账号要设置口令，及时删除或禁用过期账号；定期备份，以便遭到病毒严重破坏后能够迅速修复。

第七章 大数据时代的数据安全保护

 如何处理自己的个人信息？

 我们每个人都应该保护好自己的个人信息！

是的。大数据时代我们每个人除加强防范个人信息泄露以外,在日常生活中要细心地处理个人信息,并养成良好的习惯,这将有助于避免个人信息泄露带来的风险。

 处理个人信息时需要注意哪些问题呢?

首先,要谨慎对待社交媒体,朋友圈晒机票、发状态、标记位置等,都有可能在不经意中泄露个人信息。养成将个人信息"脱敏"的好习惯,涉及证件号码、家庭住址、订单号等信息时主动打码,将敏感信息模糊化,保护个人信息安全。

 其次,包含重要信息的实体应该妥善丢弃,对过期作废身份证件、已无效的工作证、银行单据、信件、有个人信息的快递标签等,养成不随手丢弃的习惯,可用笔涂去关键信息后再进行有效销毁。再次,使用和处理个人信息时应该细心,例如,手机应用程序的授权协议、手机里存的证件照片、个人账号的密码、非匿名填写的问卷、购物平台自动填写的支付密码等,这些都有可能存在个人信息泄露的风险,应该在使用后及时删除相关信息。

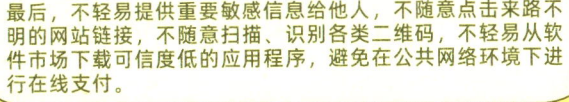 最后,不轻易提供重要敏感信息给他人,不随意点击来路不明的网站链接,不随意扫描、识别各类二维码,不轻易从软件市场下载可信度低的应用程序,避免在公共网络环境下进行在线支付。

153

㉑ 保护与利用并重的大数据未来

为了保护好自己的个人信息，我们是不是应该就把数据封闭起来呢？

个人数据只有充分流动、共享和交换才能实现其价值。因此，我们要用辩证的眼光看待大数据发展带来的积极影响和消极影响，只有最大限度地保障数据安全，才能够积极享受大数据时代给人们带来的成果。我们不能因为担心安全威胁，就把数据封闭起来。

2022年12月19日，《中共中央 国务院关于构建数据基础制度更好发挥数据要素作用的意见》的文件发布，该文件提出了20条政策举措，旨在加快构建数据基础制度，进一步发挥数据要素作用。

该文件提出要充分发挥我国海量数据规模和丰富应用场景优势，激活数据要素潜能，做强做优做大数字经济，增强经济发展新动能，构筑国家竞争新优势。

国家又出台了有力政策，这太好了！

处理好个人信息保护与互联网技术发展的关系，就要在个人信息保护和利用之间找到一个平衡点。可喜的是，随着人工智能、机器学习、态势感知、物联网安全等新兴技术的发展，数据安全技术也迎来了新一轮变革，相信未来我们的数据安全将会得到更好的保障。

我们既要保护个人信息，又要利用大数据！